Zur Einführung

Die **Werkstattbücher** behandeln das Gesamt[gebiet der Werkstattstechnik]
in kurzen selbständigen Einzeldarstellungen; anerkann[te Fachleute und tüchtige]
Praktiker bieten hier das Beste aus ihrem Arbeitsfeld, um ihre Fachgenossen
schnell und gründlich in die Betriebspraxis einzuführen.

Die **Werkstattbücher** stehen wissenschaftlich und betriebstechnisch auf der
Höhe, sind dabei aber im besten Sinne gemeinverständlich, so daß alle im Betrieb
und auch im Büro Tätigen, vom vorwärtsstrebenden Facharbeiter bis zum leitenden
Ingenieur Nutzen aus ihnen ziehen können.

Indem die Sammlung so den einzelnen zu fördern sucht, wird sie dem Betrieb
als Ganzem nutzen und damit auch der deutschen technischen Arbeit im Wett-
bewerb der Völker.

Bisher sind erschienen:

Heft 1: Gewindeschneiden. (7.—12. Tausd.)
Von Obering. O. Müller.

Heft 2: Meßtechnik. Zweite, verbesserte
Auflage. (7.—14. Tausend.)
Von Professor Dr. techn. M. Kurrein.

**Heft 3: Das Anreißen in Maschinenbau-
werkstätten.** (7.—12. Tausend.)
Von Ing. H. Frangenheim.

**Heft 4: Wechselräderberechnung für Dreh-
bänke.** (7.—12. Tausend.)
Von Betriebsdirektor G. Knappe.

Heft 5: Das Schleifen der Metalle. Zweite,
verbesserte Auflage.
Von Dr.-Ing. B. Buxbaum.

Heft 6: Teilkopfarbeiten. (7.—12. Tausend.)
Von Dr.-Ing. W. Pockrandt.

Heft 7: Härten und Vergüten.
1. Teil: Stahl und sein Verhalten.
Zweite, verbess. Auflage. (7.—15. Tausd.)
Von Dipl.-Ing. Eugen Simon.

Heft 8: Härten und Vergüten.
2. Teil: **Praxis der Warmbehandlung.**
Zweite, verbesserte Auflage.
(7.—15. Tausend.)
Von Dipl.-Ing. Eugen Simon.

Heft 9: Rezepte für die Werkstatt.
(7.—10. Tausend.)
Von Ing.-Chemiker Hugo Krause.

Heft 10: Kupolofenbetrieb.
Von Gießereidir. C. Irresberger.

Heft 11: Freiformschmiede.
1. Teil: **Technologie des Schmiedens. —
Rohstoffe der Schmiede.**
Von Direktor P. H. Schweißguth.

Heft 12: Freiformschmiede.
2. Teil: **Einrichtungen und Werkzeuge
der Schmiede.**
Von Direktor P. H. Schweißguth.

Heft 13: Die neueren Schweißverfahren.
Zweite, verbesserte u. vermehrte Auflage.
Von Prof. Dr.-Ing. P. Schimpke.

Heft 14: Modelltischlerei.
1. Teil: **Allgemeines. Einfachere Modelle.**
Von R. Löwer.

Heft 15: Bohren.
Von Ing. J. Dinnebier.

Heft 16: Reiben und Senken.
Von Ing. J. Dinnebier.

Heft 17: Modelltischlerei.
2. Teil: **Beispiele von Modellen und Scha-
blonen zum Formen.**
Von R. Löwer.

Heft 18: Technische Winkelmessungen.
Von Prof. Dr. G. Berndt.

Heft 19: Das Gußeisen.
Von Ing. Joh. Mehrtens.

Heft 20: Festigkeit und Formänderung.
Von Studienrat Dipl.-Ing. H. Winkel.

Heft 21: Einrichten von Automaten.
1. Teil: **Die Systeme Spencer und Brown
& Sharpe.**
Von Ing. Karl Sachse.

Heft 22: Die Fräser.
Von Ing. Paul Zieting.

Heft 23: Einrichten von Automaten.
2. Teil: **Die Automaten System Gridley (Ein-
spindel) u. Cleveland u. die Offenbacher
Automaten.**
Von Ph. Kelle, E. Gothe, A. Kreil.

Heft 24: Der Stahl- und Temperguß.
Von Prof. Dr. techn. Erdmann Kothny.

**Heft 25: Die Ziehtechnik in der Blech-
bearbeitung.**
Von Dr. Ing. Walter Sellin.

Heft 26: Räumen.
Von Ing. Leonhard Knoll.

Heft 27: Einrichten von Automaten.
3. Teil: **Die Mehrspindel-Automaten.**
Von E. Gothe, Ph. Kelle, A. Kreil.

Heft 28: Das Löten.
Von Dr. W. Burstyn.

**Heft 29: Die Kugel- und Rollenlager (Wälz-
lager).** Von Hans Behr.

Heft 30: Gesunder Guß.
Von Prof. Dr. techn. Erdmann Kothny.

Heft 31: Gesenkschmiede. 1. Teil: **Arbeitsweise und Konstruktion der Gesenke.**
Von P. H. Schweißguth.

Aufstellung der in Vorbereitung befindlichen Hefte s. 3. Umschlagseite.

Jedes Heft 48—64 Seiten stark, mit zahlreichen Textfiguren.

WERKSTATTBÜCHER

FÜR BETRIEBSBEAMTE, VOR- UND FACHARBEITER
HERAUSGEGEBEN VON EUGEN SIMON, BERLIN

=== HEFT 27 ===

Das Einrichten von Automaten

Dritter Teil

Die Mehrspindel-Automaten, Schnittgeschwindigkeiten und Vorschübe.

Von

E. Gothe, Ph. Kelle, A. Kreil

Mit 60 Figuren im Text
und 20 Tabellen

Berlin
Verlag von Julius Springer
1927

Inhaltsverzeichnis.

Die Vierspindel-Automaten System Acme (Bauart Alfred H. Schütte).
Von Ingenieur Ernst Gothe.

Die Vierspindel-Automaten System Gridley (Bauart Hasse u. Wrede).
Von Oberingenieur Ph. Kelle.

Schnittgeschwindigkeiten und Vorschübe.
Von Ingenieur Albert Kreil.

ISBN 978-3-7091-9718-9   ISBN 978-3-7091-9965-7 (eBook)
DOI 10.1007/978-3-7091-9965-7

Die Vierspindel-Automaten System Acme
(Bauart Alfred H. Schütte[1]).

Von Ingenieur Ernst Gothe.

I. Beschreibung der Vierspindel-Automaten.

Diese Automaten haben entsprechend ihrer Nummer für Stangenwerkstoff einen Durchgang von 22, 35 und 48 mm. Die Maschine Nr. 48 kann außerdem als Halbautomat ausgeführt werden, mit dem sich geschmiedete, gepreßte oder gegossene Teile halbautomatisch bearbeiten lassen (s. S. 9).

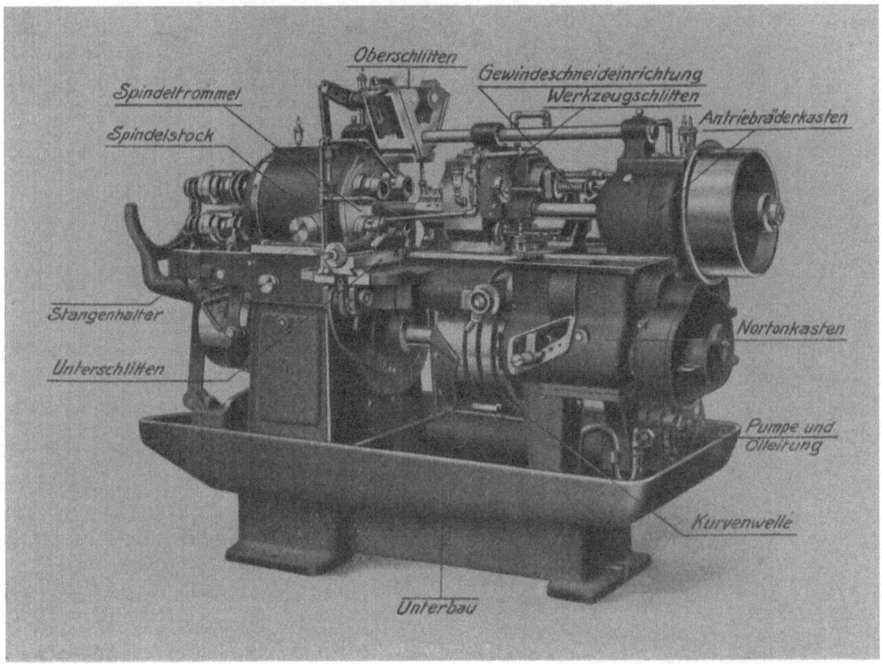

Fig. 1. Vorderansicht.

Die folgende Beschreibung bezieht sich, soweit nicht von einer bestimmten Maschinengröße die Rede ist, auf alle 3 Automaten Nr. 22, 35, 48 und den Halbautomaten Nr. 48, die sich im Aufbau und in der Arbeitsweise der verschiedenen Werkzeuge nur wenig voneinander unterscheiden. In der Hauptsache sind die Unterschiede durch die Größenverhältnisse der Maschinen bedingt. So sind die beiden Automaten Nr. 22 und 35 mit einem 7 stufigen Wechselräderkasten und 7 losen Wechselrädern ausgeführt, während die Größe Nr. 48 2 Wechselräderkästen mit 10 und 3 Stufenrädern hat.

Auf den Fig. 1 (Vorderseite) und 2 (Rückseite) sind die Hauptteile der Automaten ersichtlich und gekennzeichnet.

---

[1] s. Einleitung des Herausgebers zu „Einrichten von Automaten, 1. Teil" (Heft 21).

1*

Fig. 2. Rückansicht.

1. Arbeitsweise der Vierspindelautomaten. Zum Unterschiede von einspindligen Revolvermaschinen, bei denen immer ein Werkzeug nach dem anderen in Arbeitsstellung gebracht wird, arbeiten an den Vierspindelautomaten alle Werkzeuge gleichzeitig.

Die Arbeit der Werkzeuge wird auf die 4 Werkstückspindeln so verteilt, daß, bis zur vierten Spindel fortschreitend, das Werkstück stufenweise fertiggestellt wird. Nach Beendigung jedes Arbeitsganges und nach Rückgang der Werkzeuge werden die Werkstückspindeln um 90° weitergeschaltet. Vor jeder Schaltung fällt ein Arbeitsstück vom Automaten.

2. Beschreibung der Vollautomaten. Zu jeder der 4 Arbeitsspindeln gehört ein Querschlitten (Fig. 3); jeder Schlitten wird unabhängig durch Kurven gesteuert.

Der Werkzeugschlitten (Fig. 4), der auf sog. Ver-

Fig. 3. Querschlitten.

schleißleisten gleitet und oben in einem einstellbaren Gleitlager geführt wird, dient zur Aufnahme von 4 Bohr-, Dreh- und Gewindeschneidwerkzeugen. Der Winkelblock am Werkzeugschlitten gestattet die Aufnahme von 2 weiteren Werkzeugen, so daß (mit den Querschlitten) insgesamt 10 Werkzeuge gleichzeitig arbeiten können. Außerdem ist ein besonderer, von den Werkzeugen unabhängiger Werkstoffanschlag vorhanden (Fig. 3).

Die Maschine wird durch Einscheibe angetrieben (Fig. 5 und 6), die auf einer am Antriebskasten angeflanschten
Büchse läuft; die Antriebswelle ist daher

Fig. 4.

Fig. 5.

vom Riemenzug entlastet. 4 Antriebs-
räder 1, 2, 3, 4 (Fig. 6) regeln laut den
Rädertafeln (S. 24, 25 und 26) die Geschwindigkeit der Arbeitsspindeln.

Der Arbeitsgang der Trommelwelle
wird durch Zahnräder über den Wechselräderkasten und ein Schneckengetriebe,
daher zwang-
läufig, von der
Einscheibe ab-
geleitet.

Beim Leer-
gang, d. h. wäh-
rend die Trom-
mel geschaltet,
die Werkstoff-

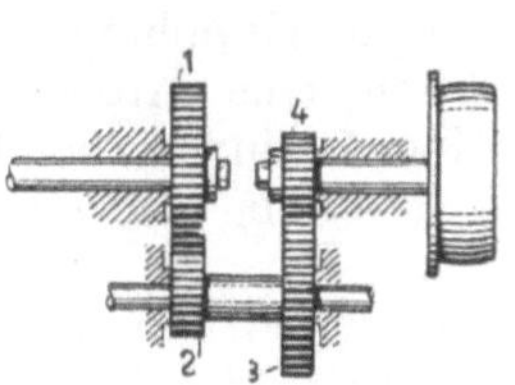

Fig. 6.

Fig. 7.

stange vorgeschoben und gespannt wird und die Werkzeuge herangeführt und zurückgezogen werden, dreht sich die Trommelwelle im Schnellgang. Die Umschaltung auf Schnellgang geschieht durch eine Spreizringkupplung, die durch Schnellschaltkurven über ein Gestänge bewegt wird (Fig. 7; s. auch S. 32). Die Umdrehungen der Trommelwelle sind von der Drehzahl der Werkstückspindeln unabhängig. Die Trommelwellenumdrehungen werden durch die Stufen- und Wechselräder im Wechselräderkasten (Fig. 5; s. auch S. 24 u. f.) geändert. Auf der Trommelwelle sitzen sämtliche Kurven für die einzelnen Werkzeugträger, sowie für die Spann- und Vorschubmechanismen (s. auch Fig. 28, S. 23).

Der Selbstgang der Trommelwelle wird durch eine Klauenkupplung ein- und ausgerückt, die auf der Schneckenwelle (Fig. 5) sitzt und von beiden Seiten der Maschine bewegt werden kann. Von Hand kann die Trommelwelle durch eine Kurbel, die auf die Schneckenwelle gesteckt wird, gedreht werden. Solange die Kurbel auf der Welle sitzt, ist der Selbstgang verriegelt und der Arbeiter gegen Verletzungen, die sonst durch unbeabsichtigtes Einrücken vorkommen könnten, geschützt. Andererseits ist es nicht möglich, bei eingerücktem Selbstgang die Kurbel auf die Schneckenwelle zu bringen, weil ein Sicherungskeil dies verhindert. Auf der eben erwähnten Schneckenwelle sitzt eine Fiberreibkupplung, die dazu dient, das Getriebe gegen schädliche Überlastung beim Schalten der Spindeltrommel und Heranführen sowie Wegfahren der Werkzeugträger zu schützen. Diese Bewegungen werden, wie bereits oben erwähnt, im Schnellgang der Trommelwelle vorgenommen, wobei die Stufenräder des Wechselräderkastens ausgeschaltet sind. Die Reibkupplung ist daher so einzustellen, daß

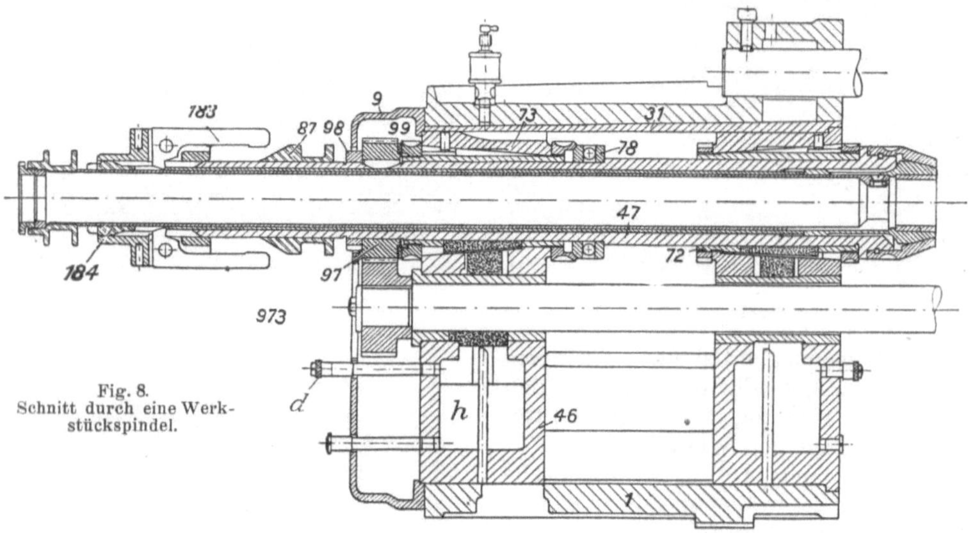

Fig. 8.
Schnitt durch eine Werkstückspindel.

die eben genannten Bewegungen ohne Gleiten der Kupplung veranlaßt werden. Weiter wird das ganze Vorschubgetriebe durch eine Abschereinrichtung am rechten Ende des Räderkastens gesichert (Fig. 5), indem bei Überlastung ein Silberstahlstift abgeschert wird, der nach Behebung der Ursache sehr leicht ersetzt werden kann.

Die Werkstückspindeln 47 (Fig. 8) sind zylindrisch und laufen in geschlitzten, außen kegeligen Bronzebuchsen 72 und 73, die durch Ringmuttern nachgestellt werden können. Die Spindellager werden durch Filzstücke geschmiert, die bei jeder Spindel-Trommelschaltung mit Öl getränkt werden. Die vorderen und hinteren Hohlräume h dienen als Ölbehälter und müssen bis zu den mit vernickelten Drehölern d verschlossenen Überläufen an den Stirnflächen der Trommel mit Öl gefüllt werden. Der Enddruck der Spindeln wird durch Kugellager 78 aufgenommen. Etwa vorhandener toter Gang in den Spindeln wird durch die Ringmutter 98 aufgehoben. Zwischen Spindelzahnrad 97 und Lager liegt eine gehärtete Stahlscheibe 99. Die Spindeltrommel 46 wird durch eine breite Keilleiste 31 nachgestellt. Die Trommelhaube 9 sichert die Trommel gegen Längsverschiebung und dient gleichzeitig als Schutzhaube. Im Innern der Spindeln liegen die Vorschub- und Spannrohre für die Vorschub- und Spannpatronen. Die Spannmuffe 87, die durch Kurve 517 (Fig. 28, S. 23) bewegt wird, spreizt die Spannfinger 183, die dadurch das Spannpatronenrohr gegen die Spannpatrone drücken, während diese durch den kegeligen Spindelkopf zusammengedrückt wird und den Werkstoff festspannt. Die Spannfinger werden durch die Spindelendmutter 184 eingestellt. Bei vollem Kegelauflauf müssen die Spannpatronen die Werkstoffstange festhalten. Fig. 9 zeigt die Spindeltrommel mit den 4 Werkstückspindeln.

Fig. 9.

Fig. 10 zeigt die Schaltung und Verriegelung der Spindeltrommel. Außerdem ist ersichtlich, wie das Zahnrad 96 die Zahnräder der 4 Spindeln antreibt. Die Spindeltrommel 46 wird durch die Kurve 58 weitergeschaltet, und zwar stoßfrei, weil Auflauf und Grundkreis der Kurve sich tangential aneinanderschließen und die Kurve so geformt ist, daß die hohe Schaltgeschwindigkeit sich gegen das Ende der Bewegung vermindert. Das Zahnsegment des im Ständer gelagerten Hebels 33 kämmt mit dem Schalttrieb 26, der durch einseitige Kupplungsklauen mit dem Schaltrad 27 verbunden ist. Das Schaltrad ist auf der Welle verschiebbar und durch eine Feder gehalten. Beim Rücklauf des Segmenthebels gleiten die Zahnrücken der Kupplung übereinander. Das Schaltrad greift in die Verzahnung der Spindeltrommel und dreht sie.

Die Trommelschaltung kann durch Linksdrehen des Knopfes am Bette unterhalb des Spindelstockes unterbrochen werden (Fig. 3, S. 4). Diese Anordnung bietet den Vorteil, daß jedes Werkzeug beim Einstellen beliebig oft über das Werkstück gehen kann, ohne daß die Spindeltrommel am Ende des Arbeitsvorganges gedreht wird und durch Um- oder Rücklauf wieder in die ursprüngliche Lage gebracht werden muß. Es wird also Kraft und Zeit gespart. Erst wenn das Werkzeug endgültig eingestellt ist, wird die Trommelschaltung durch Rechtsdrehen des erwähnten Knopfes eingerückt.

Nach dem Schalten wird die Spindeltrommel durch die einander gegen-

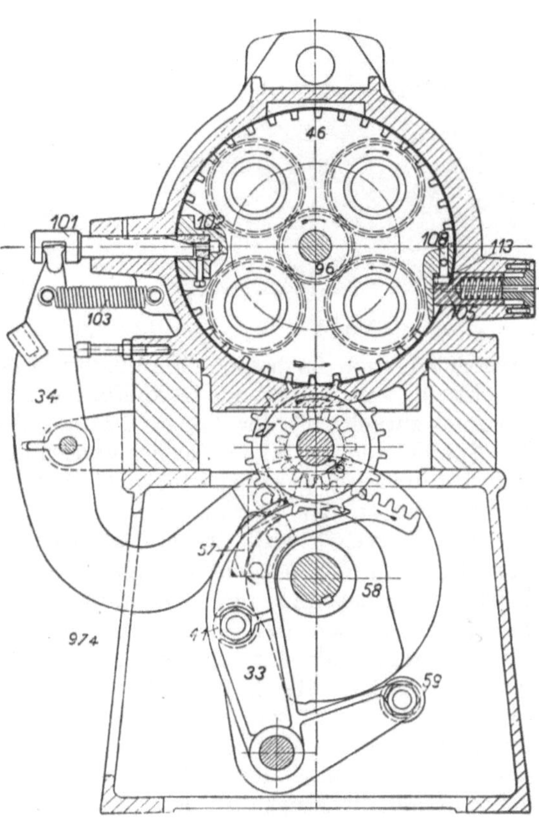

Fig. 10. Schaltung und Verriegelung der Spindeltrommel.

überliegenden Feststell- und Anschlagbolzen 101 und 105 ein- und festgestellt und
bleibt während des Arbeitsganges verriegelt. Die Scheiben 113 unter den 4 Bolzen
108, und zwar einer für jede Spindel, ermöglichen die endgültige Einstellung der
4 Spindeltrommelstellungen. Zeigt sich nach längerer Laufzeit, daß die Werkstückspindeln und die Werkzeugaufnahmen im Werkzeugschlitten nicht mehr
genau gleichachsig liegen, werden die 4 Trommelstellungen durch die Scheiben 113
verbessert. Die Bolzen 108, die durch eine Vierkantschraube an der Stirnseite
der Trommel gehalten sind, werden gelöst und durch das Schauloch oberhalb
des Anschlagbolzens 105 mit Hilfe eines Gewindehakens herausgezogen.

Beim Nachprüfen wird am besten die zweite Spindel beobachtet, weil Werkstückspindel und Werkzeugbüchse drehbar sind und daher leicht nachgeprüft
werden kann, ob eingespannte Kaliberbolzen oder Körner sich schlagfrei drehen
und übereinstimmen.

Vor Beginn der Schaltung ist der Feststellbolzen 101 durch die Kurve 57
und den Hebel 34 zurückgezogen worden. Die Rolle des Hebels 34 steht auf dem
Scheitelpunkte der Kurve. Durch Drehen der Spindeltrommel wird der Anschlagbolzen 105 zurückgedrängt und seine Spiral-
feder gespannt. Die Spindeltrommel wird „über-
schaltet", damit der Anschlagbolzen durch den
Federdruck sicher schnappt. Durch Drehen der
Trommelwelle wird der Hebel 34 von der Kurve 57

Fig. 11.

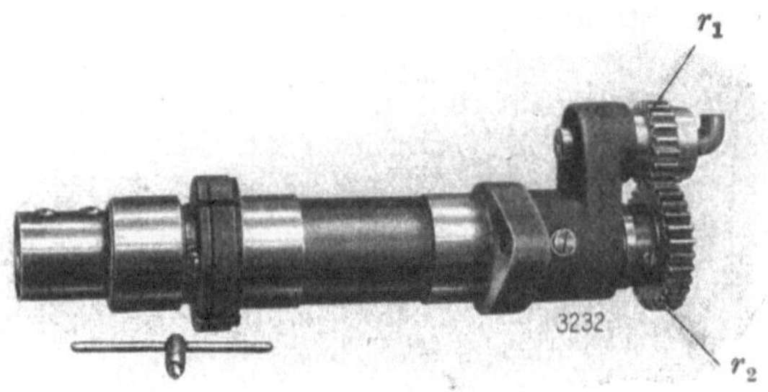

Fig. 12.

freigegeben und die beiden Spiralfedern 103 ziehen den Feststellbolzen 101 mit
Wucht ein. Das Bolzenende ist keilförmig und drückt die „überschaltete" Spindel-
trommel zurück, bis der Bolzen 108 auf dem Anschlagbolzen 105 fest aufsitzt.
Die Spindeltrommel ist nun sicher verriegelt. Das Zusammenwirken der 3 Bolzen
101, 105 und 108 gewährleistet nach jeder Schaltung die richtige Stellung der
Werkstücke zu den Werkzeugen.

Die Kurve 57 wird durch 2 Druckschrauben gehalten. Sie ist richtig eingestellt, wenn das Abgleitende mit der in die Schaltkurve 58 eingeschlagenen
Marke übereinstimmt. Die Nachprüfung geschieht am einfachsten, indem man
das Einschnappen des Anschlagbolzens 105 beobachtet; hierauf muß durch
1½ Drehungen der Handkurbel an der Schneckenwelle der Hebel 34 eingezogen
werden. Folgen die 2 Bolzenbewegungen nicht in dieser Weise aufeinander,
muß die Kurve 57 verstellt werden. Ein Rückwärtsdrehen der Trommelwelle
durch die Handkurbel muß sehr vorsichtig geschehen und ist bei einigen Stellungen
der Kurventrommel überhaupt nicht statthaft. Es ist besonders darauf zu
achten, daß die Kurve 57 beim Rückwärtsdrehen nicht verschoben wird.

In der vorderen oberen Werkzeugaufnahme des Werkzeugschlittens ist die
Schnellbohreinrichtung (Fig. 11) eingebaut. Sie wird durch Zahnräder von der

Mittelwelle angetrieben; ihre Drehrichtung ist der der Werkstückspindel entgegengesetzt, so daß die Drehzahl des Bohrers für die Arbeit gleich der Summe der beiden Drehzahlen von Werkstück und Bohrer zu setzen ist (s. auch Beispiel S. 16 und 17). Soll die Schnellbohreinrichtung angewendet werden, ist die an der Rückseite des Werkzeugschlittens auf der Hohlwelle sitzende Ringmutter und durch die Sechskantschraube unterhalb der Ringmutter die Schwinge zu lösen. Das Zwischenrad wird durch Schwenken des seitlich herausragenden Ölrohres eingerückt. Hierauf wird die Ringmutter durch eine kleine Stellschraube festgeklemmt und die Schwinge durch die Sechskantschraube festgestellt.

Soll die Schnellbohreinrichtung nicht angewendet, sondern ein stillstehendes Werkzeug aufgenommen werden, wird das Schwingenrad ausgerückt, die Büchse durch die Ringmutter festgeklemmt und die Schwinge festgestellt. Im Bedarfsfalle können auch die erste und vierte Spindel Schnellbohreinrichtungen erhalten (Fig. 12). Um sie anzubringen, wird die Werkzeugaufnahme entfernt.

Die Schnellbohreinrichtung wird über die Wechselräder r_1, r_2 von der Mittelwelle angetrieben. An Stelle der Gewindeschneideinrichtung kann auch die dritte Spindel eine Schnellbohreinrichtung aufnehmen, und zwar befinden sich die Antriebräder genau wie bei der zweiten Spindel im Gehäuse des Werkzeugschlittens.

Die dritte Werkzeugaufnahme des Werkzeugschlittens trägt die Gewindeschneideinrichtung. Die Gewindeschneidspindel wird innerhalb des Werkzeugschlittens durch Stirnräder angetrieben (Fig. 11).

Das Gewindeschneiden geschieht durch Überholung, d. h. die Gewindespindel läuft mit höherer Drehzahl als die Werkstückspindel. Der Unterschied der beiden Umdrehungen ist die Schnittgeschwindigkeit für das Gewindeschneiden, die ja bekanntlich bedeutend kleiner sein muß als beim Drehen (s. auch Zahlentafel 17, S. 56). Der Arbeitsvorgang für das Gewindeschneiden ist auf den S. 29 u. f. eingehend erläutert.

3. Beschreibung der Halbautomaten. Wie bereits auf S. 3 erwähnt, kann die Maschine Nr. 48 als Halbautomat ausgeführt werden, auf dem geschmiedete, gepreßte oder gegossene Teile bearbeitet werden:

An Stelle der selbsttätigen Spann- und Vorschubmechanismen werden auf die Spindelenden Spreizringkupplungen gesetzt (Fig. 14 und 15), die durch Handhebel oder selbsttätig jeweils eine Spindel stillsetzen, um den Rohling ein- und das fertige Stück ausspannen zu können. Während der bedienende Arbeiter ein- und ausspannt, arbeiten die Werkzeuge an den 3 übrigen Spindeln. Normal wird der Halbautomat mit Dreibackenfuttern ausgerüstet (Fig. 13). Wird die vierte Spindel (untere hintere) stillgesetzt, so sorgt eine am Ausrückhebel befestigte Fangvorrichtung (Fig. 14 und 15) dafür, daß die Spindel in einer Stellung festgehalten wird, die das Futter für den Schlüssel leicht zugänglich macht.

Fig. 13.

Auf jede der vier Spindeln ist eine Büchse 1 (Fig. 15) gesteckt und durch Scheibenfeder 4 mit der Spindel verbunden. Das Zahnrad 2, dessen rechte Seite 2′ die Hälfte einer Spreizringkupplung bildet, läuft lose auf der Büchse 1 und kämmt mit Ritzel 3, das auf der Antriebswelle 5 sitzt. Der

Schlußring 10 dient gleichzeitig als zweite Lagerstelle des Rades 2. Mit der Büchse 1 ist die axial verschiebbare Muffe 9, die den Spannkeil 8 trägt, durch Flachkeil verbunden. Am Ausrückhebel 14 ist der federnd gelagerte Fangstift 16 befestigt. Wird nun die Schiebemuffe 9 durch den Hebel 14 am Handgriff oder selbsttätig durch Kurve nach rechts bewegt, verläßt der Spannkeil 8 die Spreizringkupplung, der Spannring 6 wird entspannt und die Spindel ausgerückt. (Fig. 15 zeigt diese Stellung.) Beim Verschieben der Muffe 9 gleitet der Fangstift 16 über den Kegel des Fangringes 12, die Feder 15 wird gespannt und drückt den Stift auf dem höchsten Punkte des Kegels in eine der im Ring 12 einge-

Fig. 14. Die Spindelköpfe.

frästen Nuten. Anzahl und Lage der Nuten entsprechen den Futtertrieben, so daß stets ein Trieb zum Bedienen des Futters bequem zugänglich ist.

Beim Einrücken der vierten Spindel wird die Muffe 9 nach links bewegt, der Spannkeil 8 spreizt die Finger und diese den Ring 6. Die Spindel ist nunmehr wieder mit dem Getriebe gekuppelt und die Spindeltrommel wird weitergeschaltet. Vor jeder Schaltung wiederholt sich der gleiche Vorgang.

Kleinere Arbeitsstücke und solche mit glatten Spannstellen können auch mit der Spannpatrone gehalten werden. Das Arbeitsstück wird in der Patrone durch eine Patronenspanneinrichtung festgespannt (Fig. 16 a und b).

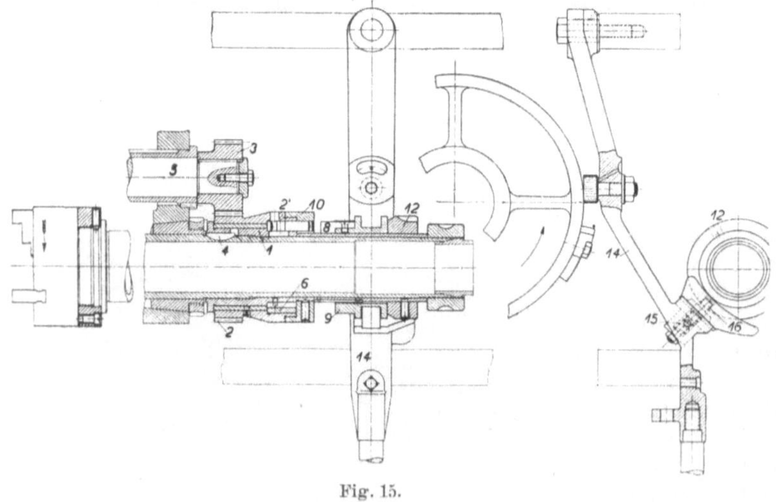

Fig. 15.

Am Bettende des Automaten wird der mit 2 Lagerstellen versehene Lagerbock 1 befestigt. In den beiden Lagerstellen ist drehbar und achsial verschiebbar die Muffe 4 gelagert. Die Kupplungswelle 8 wird durch Scheibenfeder von der Muffe 4 mitgenommen. Die Lagerbüchse 5, auf der das Handrad 2 verkeilt ist,

ist durch Flachkeil mit der Muffe 4 verbunden. In der Lagerstelle 3 ist der Gabelhebel 7, der die Muffe 4 verschiebt, doppelt gelagert. Von diesem Gabelhebel geht ein Gestänge zum Handhebel 21. Die in den 4 Spindelenden sitzenden Kupplungsschrauben 9 drücken gegen eine Platte 10, die sich gegen das Spannpatronenrohr legt.

Wird nun durch Kurve oder Hand die Spreizringkupplung gelöst, bewegt sich der Hebel 21 nach rechts und die Muffe 4 mit der Kupplungswelle 8 durch den Gabelhebel 7 und das Gestänge nach links. Schließlich trifft die Kupplungswelle 8 auf die Kupplungsschraube 9, die Feder 13 wird gespannt und, da sich die Schraube 9 mit der Spindel nach Lösen der Spreizringkupplung nicht augenblicklich stillsetzt, kommen die Kupplungszähne in Eingriff. Nunmehr kann ein Arbeitsstück in die Patrone gesteckt und durch Drehen des Handrades die Patrone gespannt werden. Rückt die Spreizringkupplung selbsttätig wieder ein, wird der Hebel 21 nach links bewegt und der Gabelhebel 7 bringt die Kupplungszähne außer Eingriff. Das Spindelende ist für das nachfolgende Schalten der Spindeltrommel nach Beendigung der Arbeitsvorgänge freigegeben.

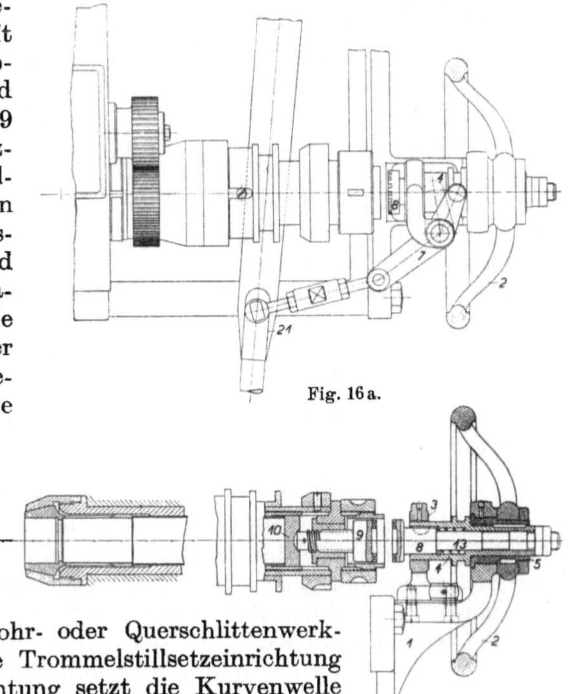
Fig. 16a.

Fig. 16b.

Soll die vierte Spindel nicht nur zum Ein- und Auspannen dienen, sondern an ihr noch ein Bohr- oder Querschlittenwerkzeug arbeiten, so ist eine besondere Trommelstillsetzeinrichtung erforderlich (Fig. 17). Diese Einrichtung setzt die Kurvenwelle selbsttätig still, während der Arbeiter ungefährdet das Werkstück

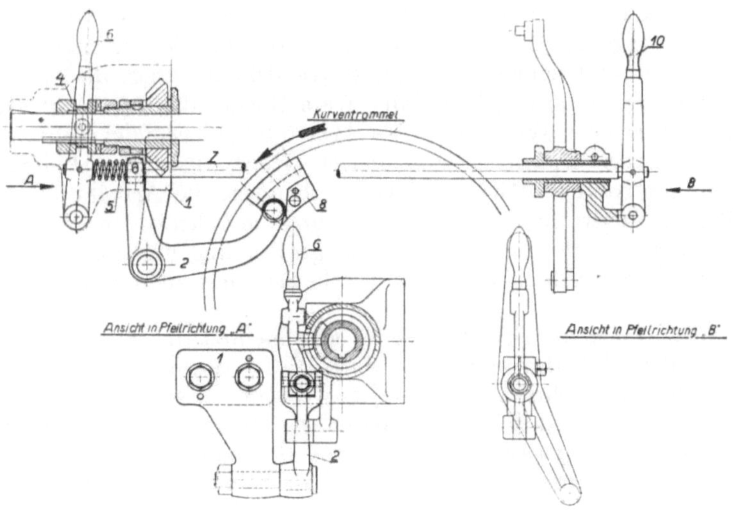

ein- und ausspannt und die übrigen 3 Spindeln leer weiterlaufen. Der Lagerbock 1 ist an der vorderen Bettwange des Automaten befestigt, der Hebel 2 ist drehbar an diesem Bock gelagert. Der eine Schenkel des Hebels 2 ist gabelförmig ausgebildet und gelenkig mit der Ausrückstange 7 verbunden. Auf der Ausrückstange ist zwischen dem Gabelhebel 2 und dem Ausrückhebel 6 eine Feder 5 angeordnet. Im Innern der Kurventrommel ist auf einem Böckchen die Kurve 8 befestigt, die so eingestellt ist, daß der Auflauf der an dem Hebel 2 befestigten Rolle beginnt, wenn der Werkzeugschlitten in seiner Rückwärtsstellung angelangt ist. Hierbei wird die Feder 5 gespannt. Durch den Druck, den sie auf den Ausrückhebel 6 ausübt, wird die Kupplung 4 außer Eingriff gebracht. Die Kurventrommel steht augenblicklich still. Der Bedienungsmann kann nunmehr das fertige Arbeitsstück vom Automaten abnehmen und ein neues einspannen.

Um die Kurventrommel wieder in Gang zu setzen, wird der Hebel 10 herausgezogen, wobei unter Überwindung des Druckes der Feder 5 die Kupplung 4 eingerückt wird. Die Rolle verläßt die Kurve 8 und durch den Druck der Feder 5 wird der Gabelhebel in seine Anfangsstellung gebracht.

II. Einstellung der Automaten.

Die nachfolgende Erklärung des Einstellens gilt für den Voll- wie für den Halbautomaten.

A. Die Verteilung der Werkzeuge.

1. Allgemeine Richtlinien. Um für ein bestimmtes Werkstück die zehn vorhandenen Werkzeugaufnahmen der Vierspindelautomaten zweckentsprechend mit geeigneten Werkzeugen zu besetzen, wird ein Werkzeugverteilungsplan angefertigt. Hierbei ist zu beachten, daß normal der Stangenvorschub an der vorderen unteren, die Schnellbohreinrichtung an der vorderen oberen und die Gewindeschneideinrichtung stets an der hinteren oberen Spindel eingebaut ist. Beim Auslegen der Arbeitsvorgänge muß man suchen, jedem Werkzeuge einen möglichst kurzen Arbeitsweg dadurch zuzuweisen, daß man ihn nach Möglichkeit auf mehrere Spindeln entsprechend verteilt. Auf diese Weise werden hohe Leistungen auf dem Automaten erreicht. Der Werkzeugkonstrukteur soll sich beim Aufstellen des Werkzeugverteilungsplanes von diesem Gesichtspunkt leiten lassen.

Nachstehend sind einige allgemeine Richtlinien über die Verteilung der Arbeit auf die 4 Spindeln gegeben. Eine feste Norm läßt sich nicht aufstellen, es muß vielmehr für jedes Werkstück die Arbeitsfolge besonders überlegt werden.

An der ersten Spindel wird in der Regel das herzustellende Arbeitsstück außen mit rundem Formstahl vorgeschruppt, die Arbeitstiefe (= Arbeitsweg) möglichst unterteilt, und die Bohrung mit kräftigem, kurzgespanntem Zentrierbohrer zentriert. Ist die Bohrung groß genug und kann das Bohrwerkzeug kurzgespannt werden, wird das Werkstück mit dem Zentrierbohrer auch vorgebohrt.

An der zweiten Spindel wird im allgemeinen die Außenform mit einem Rundformstahl geschlichtet oder die zweite Hälfte des unterteilten Arbeitsweges vorgedreht und die Bohrung hergestellt. Wurde diese in der ersten Spindel bereits vorgearbeitet, wird sie hier nachgebohrt oder geschlichtet. Kleine Löcher, etwa bis 15 mm Durchmesser, sind mit der Schnellbohreinrichtung zu bohren. Der Zweck der Schnellbohreinrichtung wird in dem folgenden Beispiel eingehend erläutert.

An der dritten Spindel wird gewöhnlich die an den ersten beiden Spindeln unterteilt vorgeschruppte Außenform geschlichtet, oder es werden Freistiche, Längenbegrenzungen usw. vorgenommen und besonders Gewinde geschnitten.

An der vierten Spindel wird meistens abgestochen, während vom Werkzeugschlitten aus die eine oder andere Bohrung noch geschlichtet oder ausgerieben werden kann. Damit der Achsialdruck auf die erste Werkstückspindel bei großen Bohrungen nicht zu stark wird, bohrt man in der vierten Spindel während des Abstechens das nächste Werkstück vor. In diesem Falle ist ein Abstreifer auf dem Querschlitten anzubringen (s. Fig. 34, S. 31 und Fig. 29, S. 28).

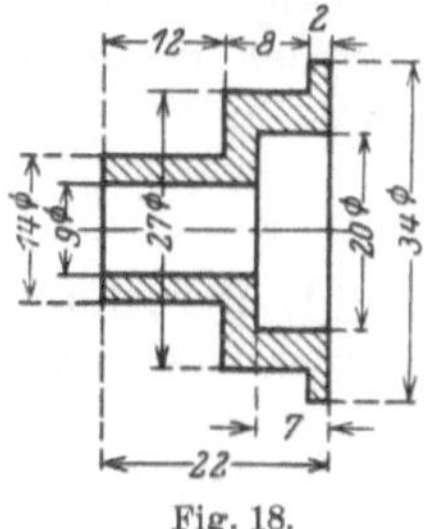

Fig. 18.

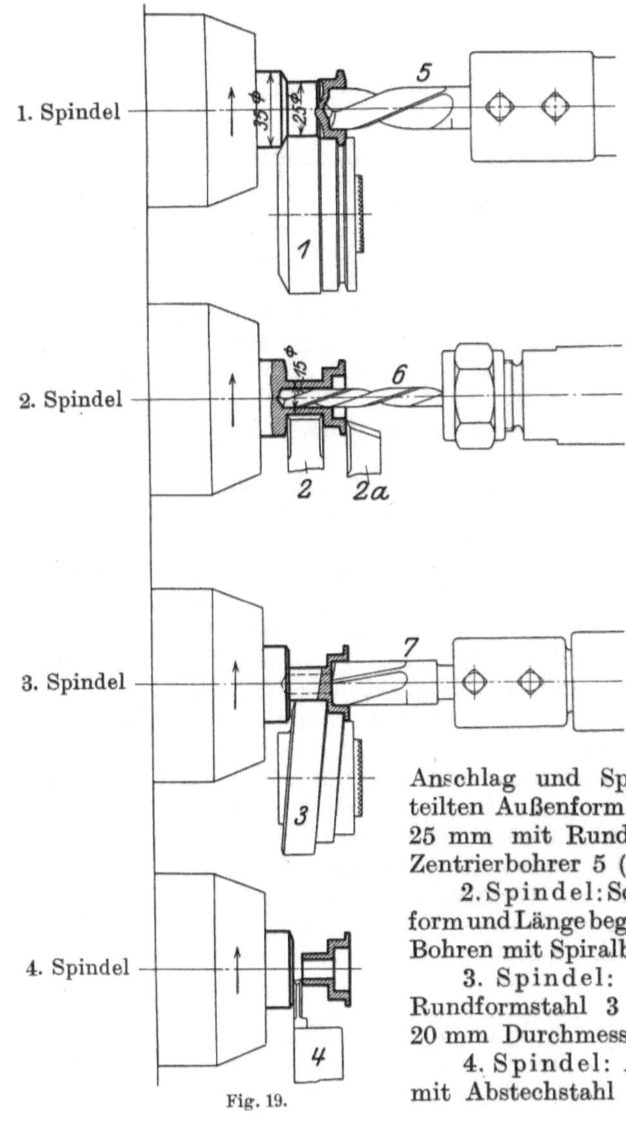

Zum Beispiel wird bei Herstellung von Schrauben, Bolzen usw. an der ersten Spindel die eine Schafthälfte mit Stichelhaus gedreht, der Kopf geformt oder mit Fase versehen, während an der zweiten Spindel die andere Schafthälfte gedreht und die Länge begrenzt wird. Das Quersupportwerkzeug kann den Kopf schlichten oder irgendeine Form drehen. An der dritten Spindel wird Gewinde geschnitten und an der vierten abgestochen.

2. Arbeitsbeispiel. An dem in Fig. 18 dargestellten Werkstücke soll nun der ganze beschriebene Vorgang erläutert werden. Laut Werkzeugverteilungsplan (Fig. 19) ergibt sich folgende Verteilung der Arbeit auf die einzelnen Spindeln:

1. Spindel: Vorschieben der Werkstoffstange bis zum Anschlag und Spannen. Schruppen der unterteilten Außenform bis auf den Durchmesser von 25 mm mit Rundformstahl 1. Vorbohren mit Zentrierbohrer 5 (19 mm Durchmesser).

2. Spindel: Schruppen der unterteilten Außenform und Länge begrenzen mit 2 Flachstählen 2 u. 2a; Bohren mit Spiralbohrer 6 von 9 mm Durchmesser.

3. Spindel: Schlichten der Außenform mit Rundformstahl 3 und Schlichten der Bohrung 20 mm Durchmesser mit Formbohrer 7.

4. Spindel: Abstechen des fertigen Stückes mit Abstechstahl 4.

Fig. 19.

Im vorliegenden Falle wäre es unwirtschaftlich, daher falsch, mit dem Formstahl 1 die ganze Tiefe der Außenform in einem Arbeitsgange vorzuschruppen. Richtig ist vielmehr, wie aus Fig. 19 und den nachfolgenden Ausführungen ersichtlich, diese Arbeit auf die beiden Stähle 1 und 2 der ersten und zweiten Spindel zu verteilen.

B. Leistungsbestimmung.

1. Berechnung für Werkstück Fig. 18. Bei einem Stangendurchmesser von 35 mm sind die Arbeitswege einschließlich der auf S. 23 vermerkten Zugaben:

$$\text{1. Spindel: Für Stahl } 1 = \frac{(35\,\varnothing - 25\,\varnothing)}{2} + 1 \text{ mm Zugabe} = 6 \text{ mm.}$$

$$\text{2. Spindel: Für Stahl } 2 = \frac{25\,\varnothing - 15\,\varnothing}{2} + 1 \text{ mm Zugabe} = 6 \text{ mm.}$$

$$\text{3. Spindel: Für Stahl } 3 = \frac{27\,\varnothing - 14\,\varnothing}{2} + 0,5 \text{ mm Zugabe} = 7 \text{ mm.}$$

$$\text{4. Spindel: Für Stahl } 4 = \frac{14\,\varnothing - 9\,\varnothing}{2} + 1,5 \text{ mm Zugabe} = 4 \text{ mm.}$$

Werkzeugschlitten: Für Bohrer 6 = 25 mm.

Demnach ist der längste Arbeitsweg für das Formen 7 mm und für das Bohren rund 25 mm. Hierfür sind einschließlich der Zugaben folgende Kurven zu wählen: für den Querschlitten der dritten Spindel eine Kurve von 5 mm, wobei der Drehpunkt II für den Kurvenhebel zu benutzen ist (s. Tabelle 2, S. 22), so daß sich dadurch der gewünschte Arbeitsweg von 7 mm ergibt. Für den Werkzeugschlitten eine Leitkurve von 25 mm.

Diese beiden längsten Arbeitswege sind für die Berechnung und Erzielung der Leistung maßgebend.

Nach der Beschreibung auf S. 5 sitzen sämtliche Kurven auf einer gemeinsamen Trommelwelle an den entsprechenden Kurventrommeln (Fig. 28). Die Querschlittenwerkzeuge und das längste im Werkzeugschlitten beginnen daher zu gleicher Zeit ihre Arbeit und haben zur selben Zeit ihren Arbeitsweg beendet (nur in Ausnahmefällen gelangt ein Werkzeug später oder früher in Arbeitsstellung). Die Umdrehung der Trommelwelle richtet sich also jeweils nach dem zulässigen Vorschub des schwächsten oder höchstbeanspruchten Werkzeuges. Für die Stähle der Querschlitten sind im allgemeinen kleinere Vorschübe anzuwenden als für die Langdreh- und Bohrwerkzeuge des Werkzeugschlittens. (Nähere Angaben über Vorschübe im letzten Abschnitt dieses Heftes).

2. Leistungstafeln. Zum genauen Berechnen der Stückzahl und der stündlichen Leistung dienen die logarithmischen Leistungstafeln Fig. 20—23 (S. 16—19).

Aus dem gegebenen Stangendurchmesser und der dem Werkstoff entsprechenden Schnittgeschwindigkeit (s. den letzten Abschnitt dieses Heftes) wird die erforderliche minutliche Drehzahl der **Werkstückspindeln** ermittelt. Aus dieser Drehzahl, der Höhe der erforderlichen Kurven, d. h. dem Arbeitsweg (einschl. Zugabe) und dem gewählten Vorschub wird die Stückzeit und die stündliche Leistung ermittelt.

Aus diesen Tafeln kann jede der genannten Größen ohne Rechnung entnommen werden, wenn die übrigen gewählt oder gegeben sind.

Die **obere Zahlenreihe** gibt die verschiedenen Kurvenhöhen = Schlittenwege in mm an und stellt gleichzeitig die Schnittgeschwindigkeiten in m/min dar.

Die linke senkrechte Zahlenreihe entspricht den an den Automaten einstellbaren minutlichen Drehungen der Werkstückspindeln (s. Tabellen 3, 4 und 5, S. 24÷26).

Die rechte senkrechte Zahlenreihe gibt die Vorschübe an.

Die nach rechts oben geneigte Geradenschar entspricht den Stangendurchmessern d, während die nach links oben geneigte Geradenschar als Leitlinien dient.

An den unteren Zahlenreihen werden die Stückzeit in Sekunden und die stündliche Stückzahl abgelesen. Zwischenwerte aller Größen können leicht geschätzt werden.

Beispiel 1: Leistungsbestimmung gemäß folg. Annahmen (Automat Nr. 22). Es sei gegeben: Werkstoffdurchmesser = 22 mm, Kurven höhe = Schlittenweg = 40 mm; gewählt: Schnittgeschwindigkeit = 25 m/min, Vorschub je Spindeldrehung = 0,14 mm. Werkstoff: Stahl von 55 kg/mm² Festigkeit. Leistungstafel Fig. 20 (S. 16).

1. Die Senkrechte (starker Doppelpfeil) durch die Zahl 25 (Schnittgeschwindigkeit) der oberen Reihe trifft die dem Durchmesser 22 mm entsprechenden Gerade. Die dem Schnittpunkte zunächst liegende Wagerechte ergibt links für die Werkstückspindeln 365 Uml./min.

2. Die Senkrechte (einfacher Pfeil) durch die Zahl 40 (Kurvenhöhe) der oberen Reihe trifft die dem Vorschub 0,14 mm entsprechende Wagerechte. Die dem Schnittpunkte zunächst liegende nach links geneigte Leitlinie trifft die Wagerechte der Drehzahl 365. Die durch diesen Schnittpunkt gehende Senkrechte ergibt eine Stückzeit von etwa 48,7 sk und eine stündliche Leistung von etwa 74 Stück.

Fällt diese Senkrechte zwischen 2 Leistungszahlen, wird die höhere oder niedrigere gewählt, je nachdem für den zu bearbeitenden Werkstoff ein etwas größerer oder kleinerer Vorschub für zulässig erachtet wird.

Beispiel 2: Leistungsbestimmung für das Arbeitsstück Fig. 18, S. 13 (Automat Nr. 35).

Aus dem Außendurchmesser der Stange von 35 mm und einer gewählten Schnittgeschwindigkeit von etwa 28 m/min ergeben sich nach Fig. 21 265 Uml./min, und die Leistung wird bei einem Vorschub von 0,028 mm für den Formstahl 3 etwa 62 Stück die Stunde betragen.

Rechnet man von dieser gefundenen Stückzahl zurück, um den Vorschub für den Bohrweg von 25 mm zu bestimmen, erhält man rund 0,1 mm/Uml. Dieser Vorschub gilt auch für die Bohrwerkzeuge 5 und 7. Die Vorschübe für die übrigen Werkzeuge sind auf ähnliche Weise zu bestimmen und ergeben für Stahl 1 = 0,025 mm/Umdr., für Stahl 2 = 0,025 mm/Umdr. und für Stahl 4 = 0,017 mm/Umdr. Der Vorschub von 0,1 mm/Umdr. gilt jedoch nur für stillstehende Bohrer. Den Bohrer 6 mit 9 mm Durchmesser läßt man zweckmäßig mit der Schnellbohreinrichtung laufen, damit der Bohrer erstens eine günstigere Schnittgeschwindigkeit bekommt und zweitens sich nicht verläuft.

Da die Schnittgeschwindigkeit des Werkstückes stets nach dem Außendurchmesser gewählt werden muß, würde bei stillstehendem Bohrer die Schnittgeschwindigkeit für das Bohren viel zu gering. Die Werkstückspindelumdrehungen sind oben zu 265 bestimmt; daraus ergäbe sich bei einem Bohrer von 9 mm Durchmesser eine Schnittgeschwindigkeit von: $V = (\pi \cdot d \cdot n) : 1000 = (3,14 \cdot 9 \cdot 265) : 1000 = 7,5$ m/min, und der Vorschub bliebe, wie oben ermittelt, 0,1 mm, was etwas zu groß wäre. Laut Zahlentafel 4 auf S. 25 dreht sich nun die Schnellbohrein-

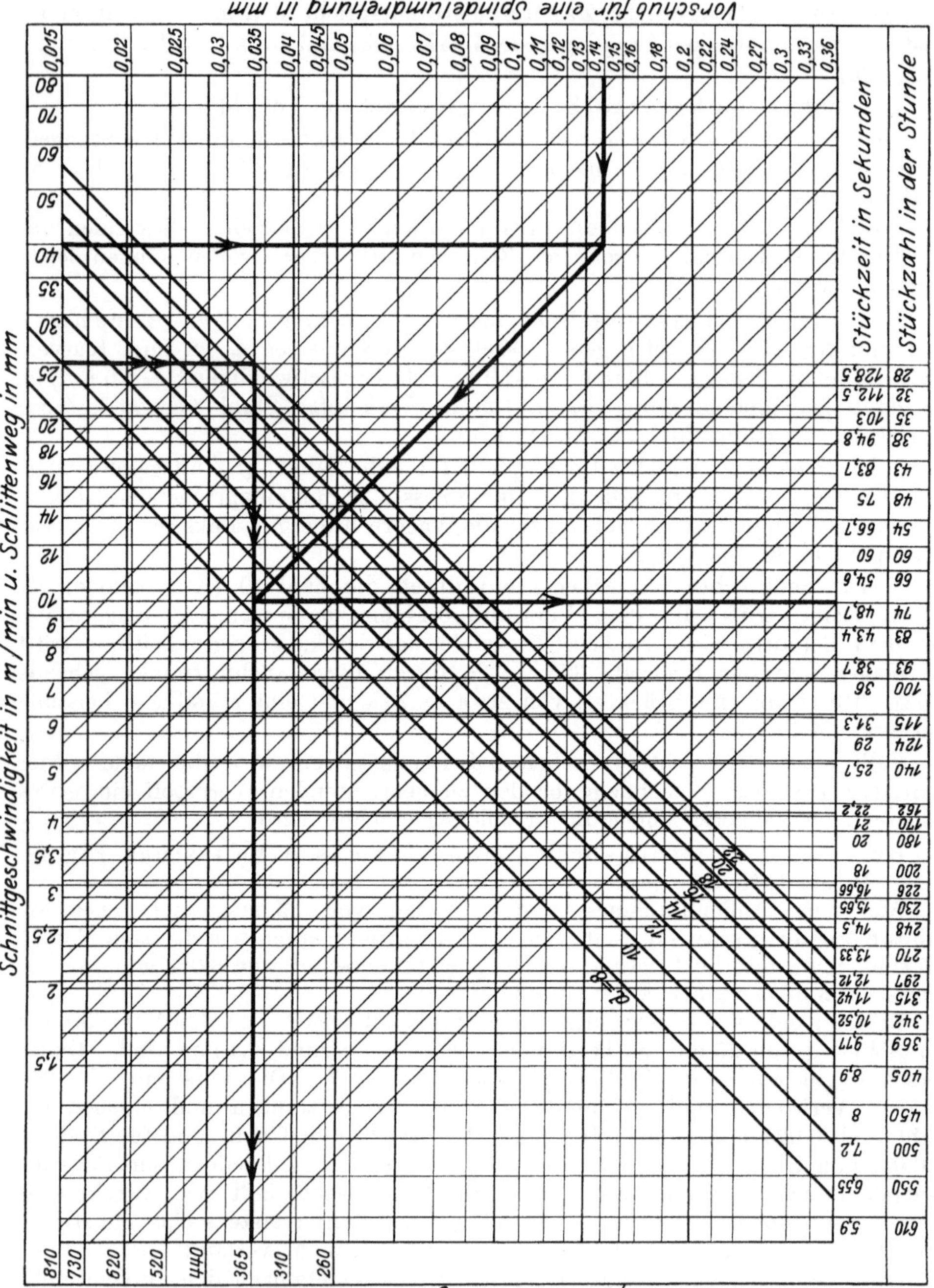

Fig. 20. Leistungstafel für Automat 22 mm Durchgang.

richtung mit 305 Uml./min. Die Summe der Drehzahlen für den Bohrer 6 ist demnach $265 + 305 = 570$ und folglich die Schnittgeschwindigkeit

$$V_1 = (3{,}14 \cdot 9 \cdot 570) : 1000 \approx 16 \text{ m/min}$$

(s. auch die Ausführung auf S. 9).

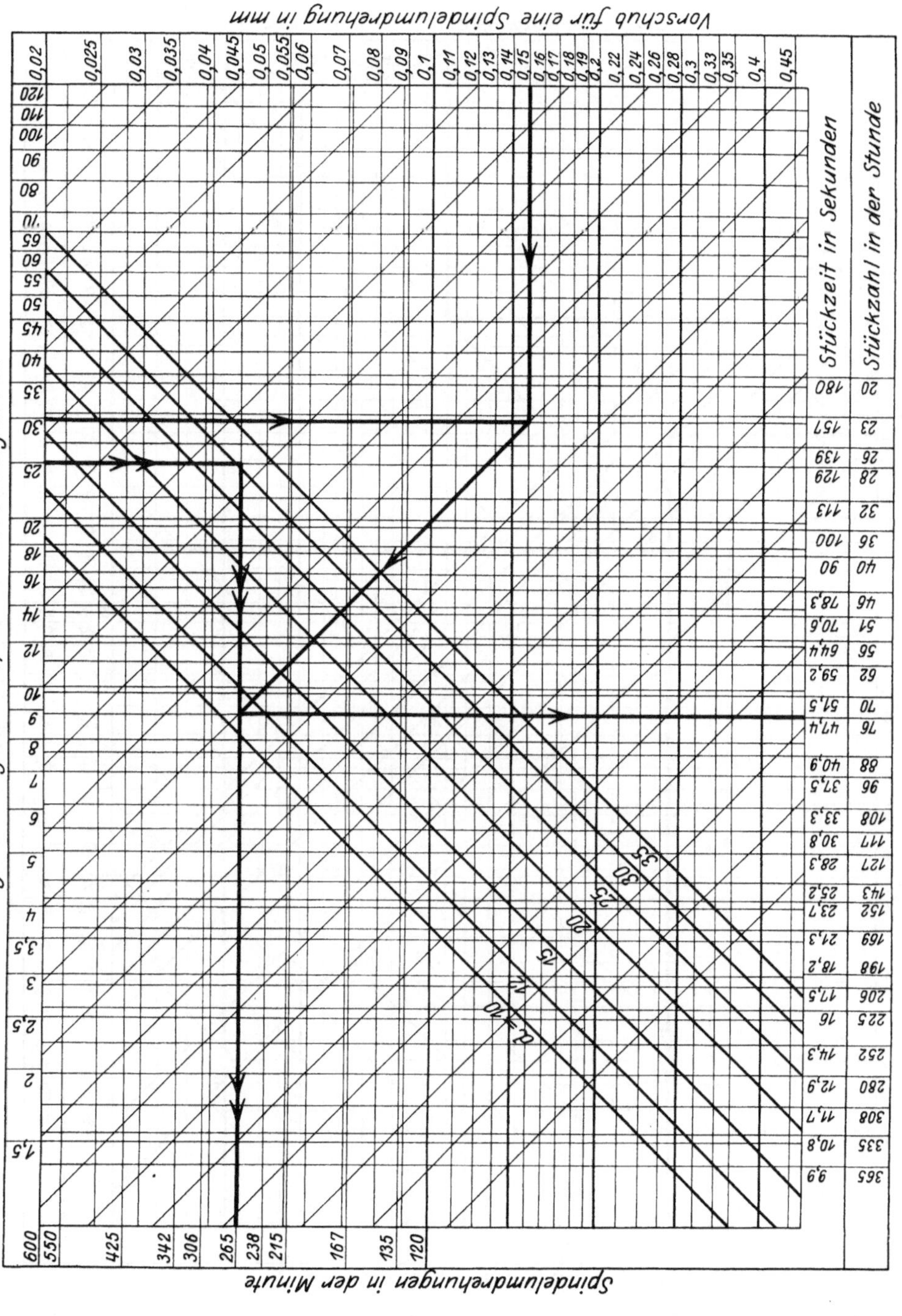

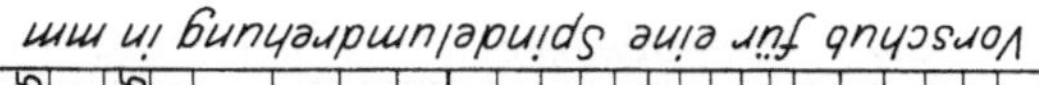

Fig. 21. Leistungstafel für Automat. 35 mm Durchgang.

Da der Vorschub auf die Umläufe der Arbeitspindel bezogen unverändert bleibt, so verringert er sich für das Bohren tatsächlich im Verhältnis der Umlaufzahlen 265 : 570, d. h. er wird $= 0{,}1 \cdot 265 : 570 = 0{,}045$ mm/Uml., was als ein durchaus zulässiger Wert anzusehen ist.

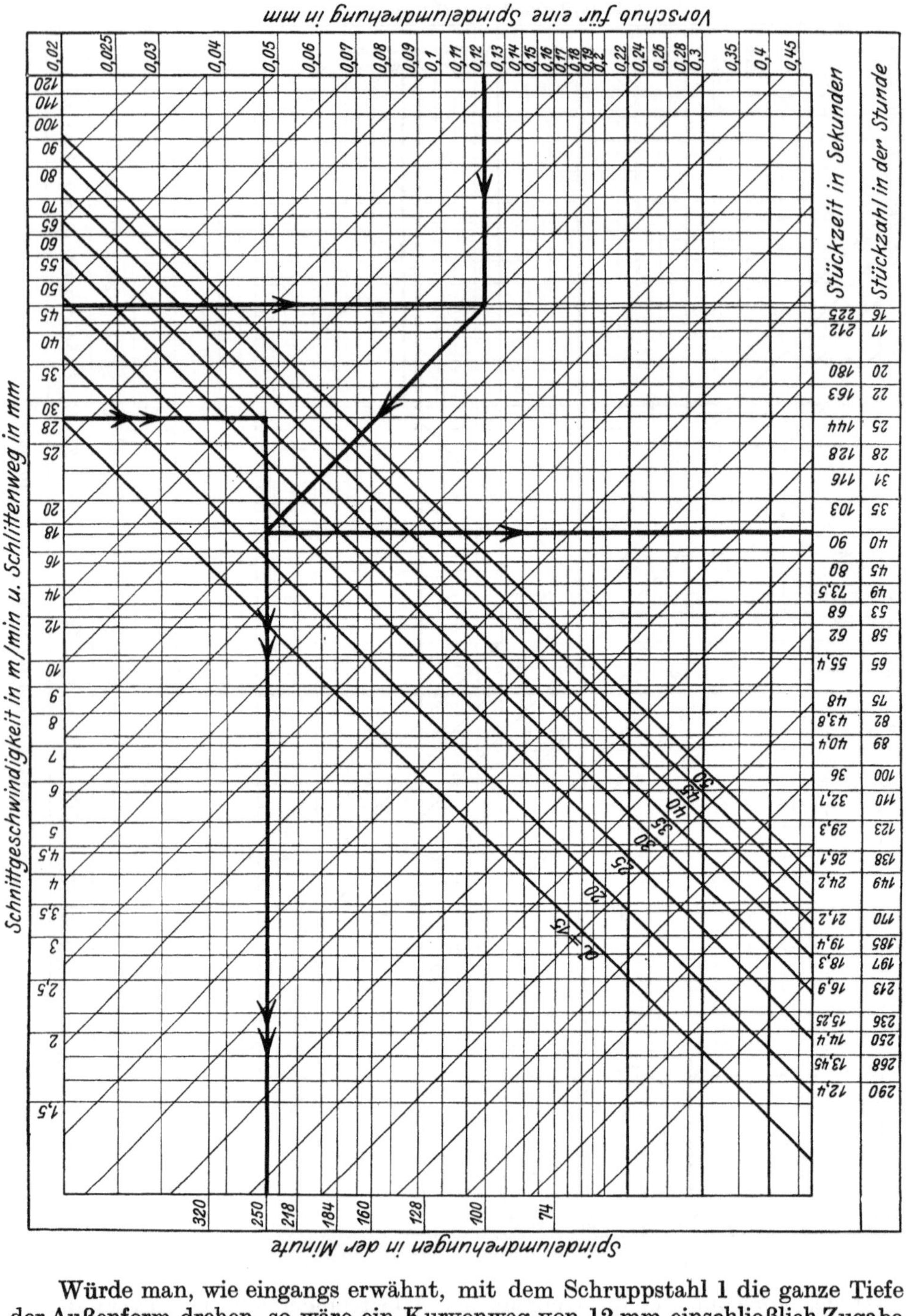

Fig. 22. Leistungstafel für Automat. 48 mm Durchgang.

Würde man, wie eingangs erwähnt, mit dem Schruppstahl 1 die ganze Tiefe der Außenform drehen, so wäre ein Kurvenweg von 12 mm einschließlich Zugabe zu durchlaufen, und es ergäbe sich hiernach laut logarithmischer Tafel Fig. 21, S. 17, nur eine Leistung von etwa 36 Stück/Stunde.

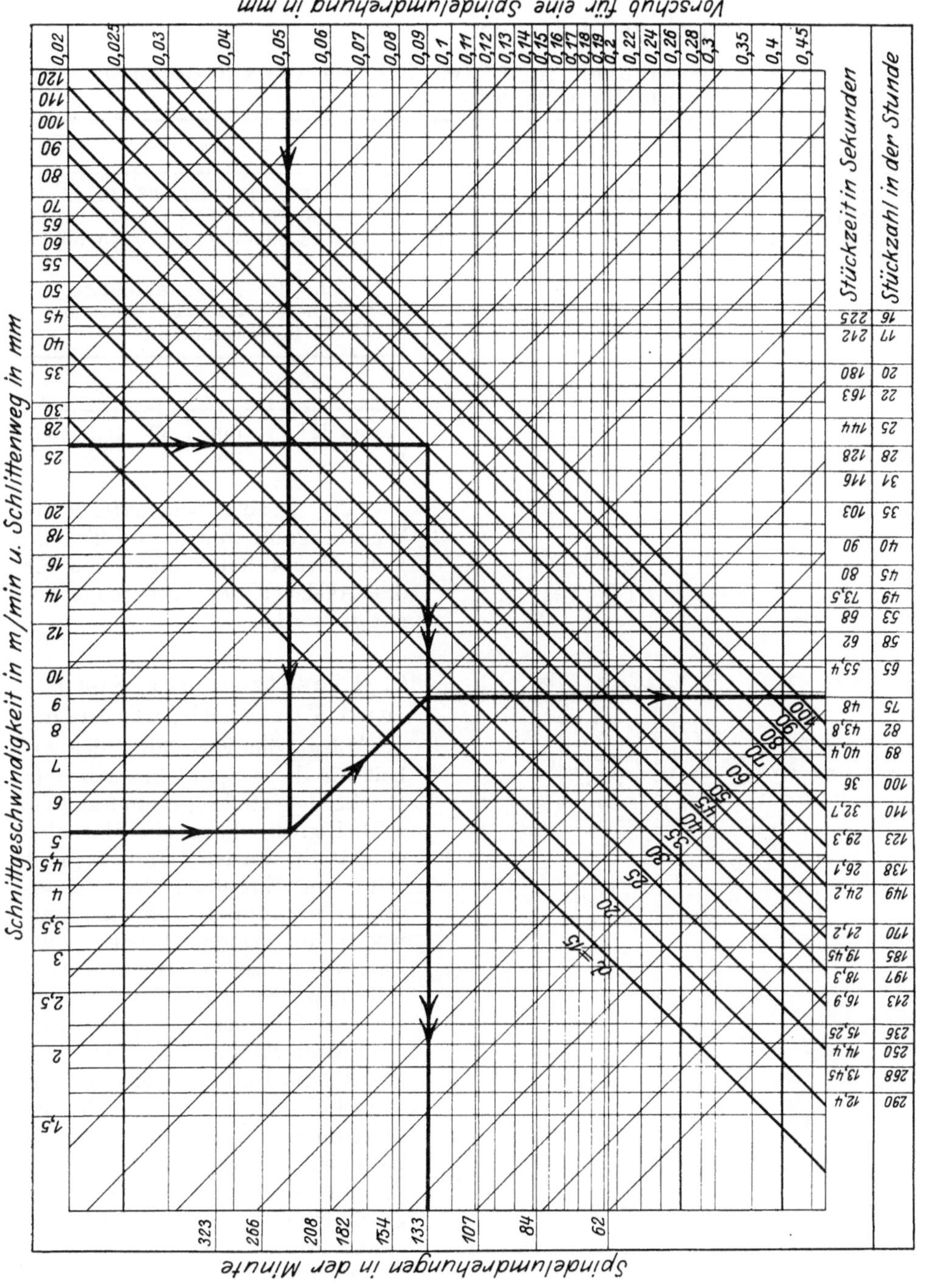

Fig. 23. Leistungstafel für Halbautomat. 48 mm Durchgang.

Hierdurch ist deutlich gezeigt, wie durch entsprechende Unterteilung der Arbeitswege die Leistung des Vierspindelautomaten erheblich erhöht werden kann. Im vorliegenden Beispiel sind zwar in der Hauptsache die Wege der Querschlittenwerkzeuge unterteilt worden, doch ist für die Bohr- und Drehwerkzeuge des

Werkzeugschlittens selbstverständlich stets in ähnlicher Weise zu verfahren (s. hierüber die Beispiele auf S. 37 u. 38).

Tabelle 1. **Hauptabmessungen in Millimetern der Vierspindelautomaten zum Entwerfen von Werkzeugen.**

Automat Nr.	a	b	c	d	D	e	f	g	h	i	k	l	m	n	n¹	o	p	q
22	235	380	70	72	148	114	118	100	26	30	72	35	25,4	90	93	40	42	40
35	250	475	85	88	190	125	137,5	130	44,45	36	86	50	38,10	110	115	45	50	50
48	330	510	100	127	225	150	159	130	44,45	44	115	66	55,56	113	120	45	50	55

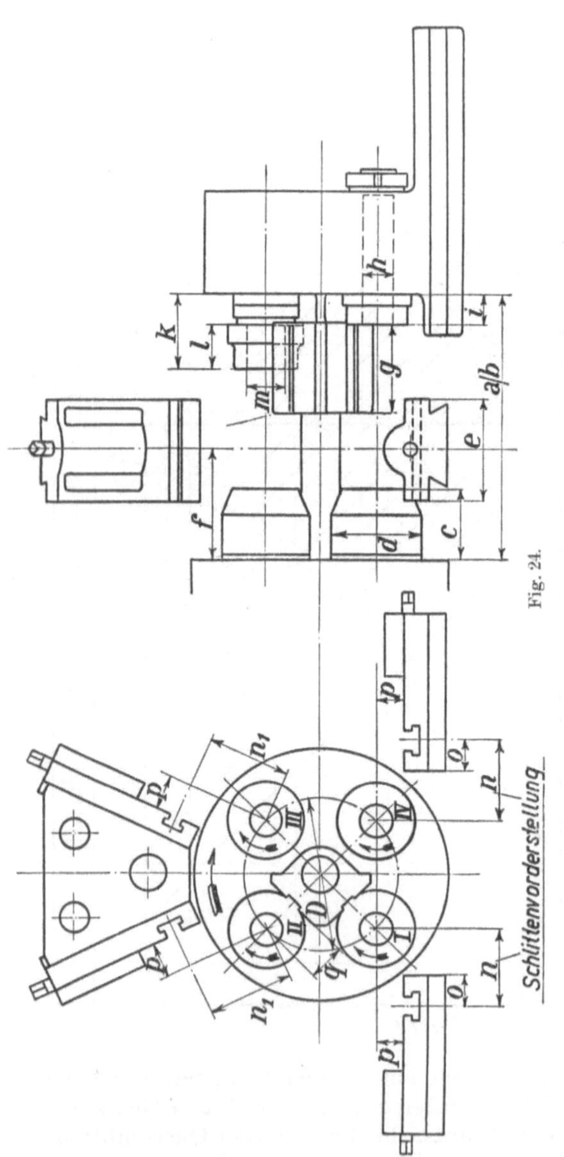

Höhe der Rundstahlhalter von Querschlittenoberkante bis Formstahlachse.

Spindel	Automat Nr.		
	22	35	48
I und III . . mm	39	46,5	46,5
II „ IV . . mm	45	53,5	53,5

Fig. 24 zeigt schematisch die Werkzeugaufnahmen und Tabelle 1 die Hauptabmessungen, die für das Auslegen der Werkzeuge benötigt werden.

C. Einsetzen der Spann- und Vorschubpatronen.

Liegt die Verteilung der Arbeit für die 4 Spindeln nach dem Werkzeugverteilungsplan fest (wie z. B. Fig. 19), kann die Maschine eingestellt werden. Man beginnt mit dem Einsetzen der Spann- und Vorschubpatronen, die entweder aus einem Stück (volle Patronen) oder aus einem Körper mit auswechselbaren Einsätzen bestehen. Für das vorliegende Beispiel sind Spannpatroneneinsätze von 35 mm Durchmesser und volle Vorschubpatronen von 35 mm Durchmesser zu wählen. Es ist besonders darauf zu achten, daß die Stangenenden nicht nur gerade geschnitten, sondern auch zugespitzt werden, damit sie, ohne die Patronen zu gefährden, eingeführt werden können.

Um das Schlagen der Stangen in den Spindeln zu verhüten, werden am linken Ende der Vorschubrohre Führungsringe (s. Fig. 25) eingesetzt, die 1÷2 mm größer als der Stangendurchmesser gebohrt sind. Im vorliegenden Falle sind Führungsringe von 37 mm Durchmesser einzusetzen.

Um eine ungleichmäßige Belastung der Spindeltrommel zu vermeiden, werden alle vier oder mindestens zwei gegenüberliegende Spindeln mit Stangen gleicher Länge versehen. Der Druck der Spannfinger auf das Spannpatronenrohr wird durch die Spindelendmutter eingestellt. Bei vollem Kegelauflauf auf die Spannmuffen 87 (Fig. 8, S. 6) müssen die Spannpatronen die Stange sicher festhalten. Durch öfteres Verschieben der Spannmuffe durch die Spanngabel wird geprüft, ob sich die Spannpatronen auch genügend öffnen und die Stangen freigeben.

Nunmehr sind alle Spannpatronen mit der Spanngabel zu schließen. Der Selbstgang der Trommelwelle wird durch Ziehen am Handgriff der Ausrückstange ausgeschaltet und die Handkurbel auf die Schneckenwelle aufgesetzt. Die Schaltung der Spindeltrommel wird durch Linksdrehen des Knopfes (Fig. 3, S. 4) unterhalb des Trommelgehäuses ausgerückt.

Vor dem weiteren Einstellen empfiehlt es sich, den Spannhebel und das Vorschubstück für die Bewegung der Vorschubrohre abzunehmen.

Der Werkstoffanschlag (s. Fig. 3, S. 4) für die Stangen wird auf die erforderliche Entfernung von der betreffenden Werkstückspindel eingestellt. Er sitzt normal an der vorderen, unteren Spindel, kann aber auch an die vierte Spindel verlegt werden, wenn dies durch die Anordnung der Werkzeuge bedingt wird (s. auch S. 33 und 36).

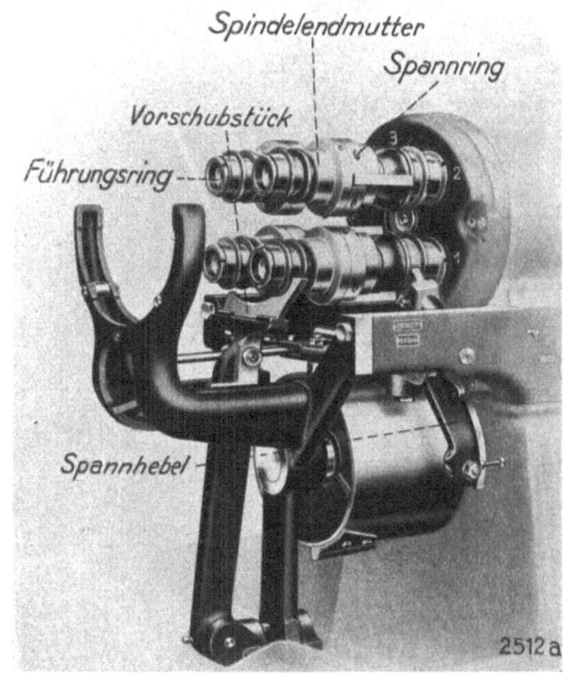

Fig. 25.

D. Bestimmen der Kurven.

Eine besondere Berechnung der Kurven für die Vierspindelautomaten ist nicht erforderlich, wie auch bereits aus dem oben besprochenen Beispiel ersichtlich ist. Man hat es in der Hand, durch geeignete Unterteilung der Arbeitswege mit den normalen Kurven die geeigneten und zulässigen Vorschübe zu erzielen. Es ist natürlich nicht ausgeschlossen, daß in gewissen Fällen auch besondere Kurven angefertigt werden müssen; für die meisten Fälle genügen jedoch die folgenden Kurven (Fig. 26):

Die Form- und Abstechkurven für den Querschlitten. Sie sind spiralförmig, d. h. die Steigung ist radial, während bei der Leitkurve, die den Werkzeugschlitten bewegt, die Steigung achsial ist. Alle Kurven derselben Art umschließen den gleichen Bogenwinkel der betreffenden Kurventrommel. Die Kurven unterscheiden sich untereinander daher nur durch den Arbeitsweg, d. h. durch den Unterschied zwischen kleinster und größter Kurvenhöhe. Bei den Form- und Abstechkurven können durch Verändern des Übersetzungsverhältnisses verschiedene Schlittenwege erreicht werden (s. auch Tabelle 2). Die Tabelle 2 gibt die genauen Abmessungen und Bezeichnungen der Kurven an.

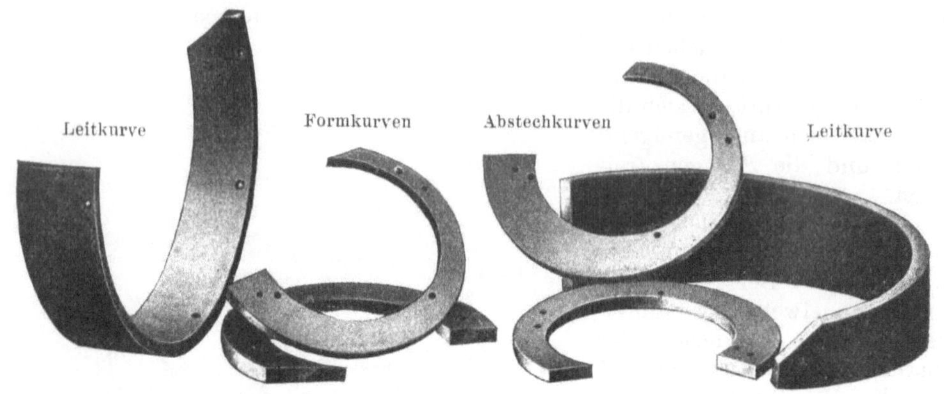

Fig. 26.

Tabelle 2. Kurven für die Vierspindelautomaten.

Leitkurven		Formkurven						Abstechkurven		
			Schlittenweg in mm						Schlittenweg in mm	
	Weg des		Vorderer Unterschlitten		Oberschlitten				Hinterer Unterschlitten	
Bezeichnung der Kurven	Werkzeugschlitt.	Bezeichnung der Kurven	für Drehpunkt		für Drehpunkt			Bezeichnung der Kurven	für Drehpunkt	
	mm		I	II	I	II	III		I	II
L 6	6	F 1,5	1,5	1,9	1,5	1,9	3	A 3	3	3,7
L 8	8	F 2	2	2,5	2	2,7	4	A 4	4	5
L 10	10	F 2,5[1]	2,5	3,2	2,5	3,2	4,5	A 6	6	7,5
L 12	12	F 3	3	3,7	3	4,2	6	A 8	8	10
L 15[2]	15	F 4	4	5	4	5,5	8	A 10	10	12,5
		F 5	5	6,2	5	7	10			
L 16[1]	16	F 6	6	7,5	6	8,5	12	A 12	12	15
L 20	20	F 8	8	10	8	11	16	A 14[2]	14	17,5
L 25	25	F 10	10	12,5	10	14	20	A 16[2]	16	20
L 30	30	F 12[2]	12	15	12	16,7	24	A 18[2]	18	22,5
L 35	35	F 14[2]	14	17,5	14	19,5	28	A 20[2]	20	25
L 40	40									
L 50	50									
L 60	60									
L 70	70									
L 80[2]	80									
L 90[2]	90									
L 100[2]	100									
L 120[2]	120									

Schlitten-Leerwege (Formkurven):

	I	II	I	II	III
Nr. 22	18,5	24	18,5	24	34
Nr. 35, 48	20	25	20	28	40

Schlitten-Leerwege (Abstechkurven):

	I	II
Nr. 22	18,5	24
Nr. 35, 48	22÷25,6	27,5÷32

[1]) Nur für Nr. 22
[2]) „ „ „ 35, 48

Bei der Wahl und Bestimmung der Kurven gibt man bei den Formkurven etwa 1÷1,5 mm zum Arbeitsweg zu, bei den Leitkurven etwa 5÷10 mm. Für die Abstechkurven beträgt die Zugabe etwa 1÷3 mm, weil der Abstechstahl häufig den nach Fig. 27 stehenbleibenden Butzen nach Abfall des Werkstückes bis zur Mitte fortstechen muß. Die Lage der Kurven an den Kurventrommeln ist aus der Fig. 28 ohne weiteres ersichtlich. Die Leitkurve bewegt den Werkzeugschlitten durch die an der Unterseite des Schlittens gelagerte Rolle (Fig. 4, S. 5). Die Stellung der Leitkurve ist durch den notwendigen Schlittenweg und den Abstand von den Werkstückspindeln gegeben, wobei zu beachten ist, daß das Gewindeschneidwerkzeug (dritte Spindel) 5÷6 mm vom Werkstückende entfernt stehen soll, wenn der Werkzeugschlitten in

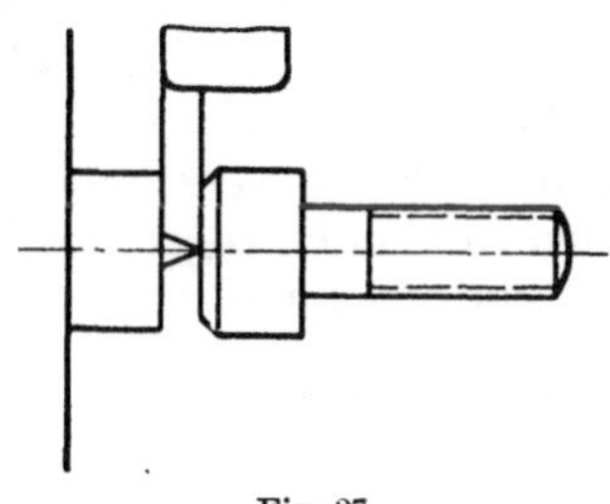

Fig. 27.

der vordersten Stellung, die Rolle also auf dem Scheitelpunkte der Leitkurve angelangt ist (s. auch die Ausführungen S. 31). Die 3 Rillen am Umfange der Kurventrommel dienen zur Aufnahme von Ringstücken, die die Kurven stützen und ihre Befestigungsschrauben entlasten. In den meisten Fällen wird die mittlere Rille benutzt.

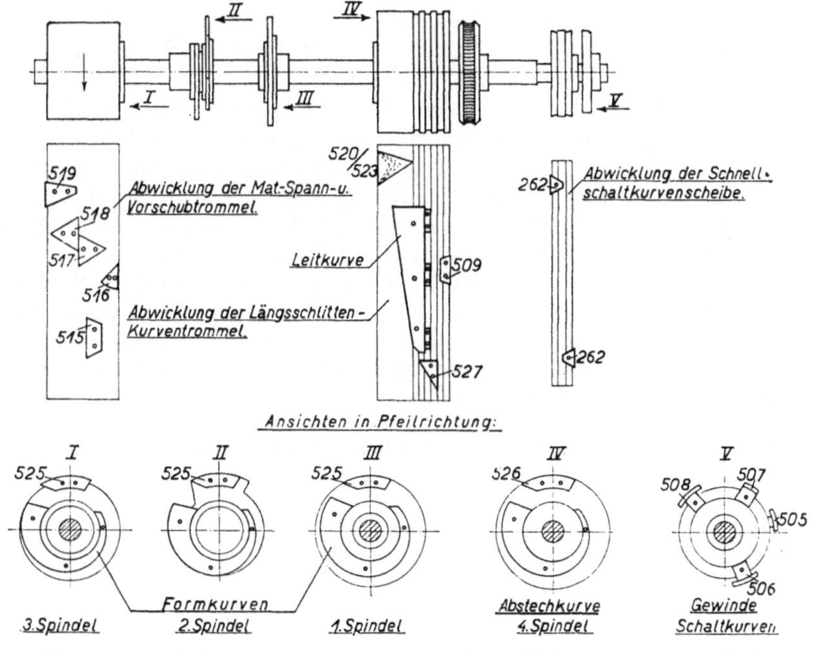

Fig. 28.

Die Kurve 520/523 (Fig. 28) ist die Rückzugkurve, die den Werkzeugschlitten in Rückwärtsstellung bringt; die gestrichelten Linien deuten ihre verschiedenen Höhen an. Bei Verwendung der hohen Rückzugkurve ist die sogenannte Anhubkurve 527 erforderlich, die den Auflaufweg der Leitkurve, entsprechend der gewählten Rückzugkurve, vergrößert. Kurve 509 stellt die Gewindeandrückkurve zur Bewegung des Hebels 481 dar (Fig. 31, S. 30). Die Ansichten in Pfeilrichtung, I, II, III und IV, zeigen die Lage der Formkurven,

1. Spindel, 2. Spindel, 3. Spindel, und die Abstechkurve, 4. Spindel, ferner die Rückzugkurven 525 u. 526 für die 4 Querschlitten.

Aus der Ansicht in Pfeilrichtung V sind die Kurven 505÷508 zur Bewegung des Hebels 485 (Fig. 31, S. 30) zu erkennen; sie lassen sich auf der Kurvenscheibe beliebig verschieben, wie es der Gewindeschneidvorgang gerade bedingt.

Die Kurven 262 stellen die bereits auf S. 5 erwähnten und in Fig. 7 abgebildeten Schnellschaltkurven dar. Sie können auf der Kurvenscheibe ebenfalls beliebig verschoben werden. Die in Fig. 28 links abgewickelten Kurven dienen zum Bewegen der Werkstoff-Spann- und Vorschubmechanismen: Kurve 515 ist die Spannhebelsicherungskurve, die den Spannhebel während des Schaltens der Spindeltrommel in der richtigen Lage hält; Kurve 516 dient mittelbar zum Öffnen der Spannpatronen und Kurve 517 zum Schließen der Spannpatronen. Die Kurven 518 und 519 bewegen den Werkstoff-Vorschubhebel.

Endgültig sind die Formkurven nach den Ausführungen auf S. 27 u. 28 zu befestigen.

E. Bestimmen und Einsetzen der Wechselräder für Spindelantrieb und Vorschub.

Die Schnittgeschwindigkeit für den zu bearbeitenden Werkstoff wird nach den Zahlentafeln auf S. 50—58, gewählt. Die Spindelumläufe für den betreffenden Werkstückdurchmesser können durch die logarithmischen Leistungstafeln Fig. 20÷23 ermittelt werden. Diese und ebenso die Tabellen 3, 4 und 5 (S. 24—26) enthalten auch die in den Maschinen möglichen Drehzahlen.

Die Räder 2 und 3 werden nach Lösen der Druckschraube und Herausnehmen des Räderbolzens eingesetzt und ausgewechselt. Die mit 1 und 4 bezeichneten Räder können nach Lösen der in den Wellenenden eingelassenen Schrauben ausgewechselt werden. Bei den Automaten Nr. 22 und 35 stehen für den Vorschub 35 Geschwindigkeiten zur Verfügung, die durch die 7 Stufen im Stufenräderkasten und durch Zusammenstellungen von Wechselrädern im Nebenkasten erreicht werden (s. Fig. 5, S. 5). Beim Automaten Nr. 48 und Halbautomaten Nr. 48 stehen 30 Geschwindigkeiten für die Trommelwelle zur Verfügung, die durch 10 Stufen im Stufenräderkasten und 3 Stellungen des gerändelten Handgriffes am Kopfende des zweiten Räderkastens eingestellt werden (Tabelle 5). Der Handgriff darf nur bei stillstehendem Getriebe verstellt werden.

Tabelle 3. Rädertafel zum Vierspindelautomaten Nr. 22.

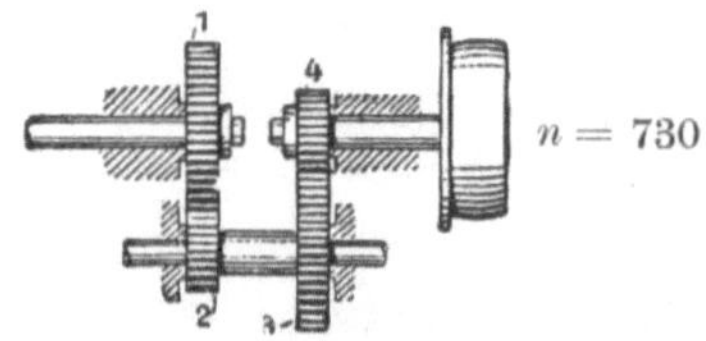

Werkstückspindeln	Zähnezahl der Räder im Antriebsräderkasten				Uml./min der Gewindespindel		Schnellbohreinrichtung
Uml./min	1	2	3	4	Schneiden	Rücklauf	Uml./min
260	42	30	48	24	305	158	385
310	39	33	48	24	365	188	460
365	36	36	48	24	430	222	540
440	42	30	39	33	516	268	650
520	42	30	36	36	612	316	770
620	39	33	36	36	730	380	920
730	Kupplung				860	444	1080

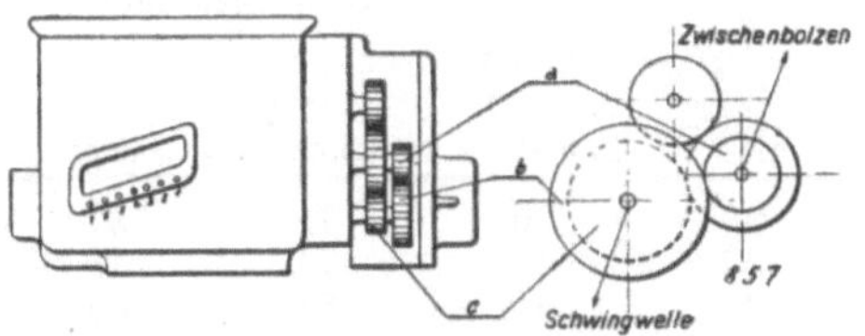

Rad *c* fällt fort, wenn Räder *a* und *b* aufgesteckt werden.
Räder *a* und *b* werden abgenommen, wenn Rad *c* angewendet wird.

Schwinge in Loch	Zähnezahl der Wechselräder				
	$a = 20$ $b = 100$	$a = 34$ $b = 86$	$a = 50$ $b = 70$	$a = 70$ $b = 50$	$c = 30$
	Ungefähre stündliche Stückzahlen				
1	28	54	93	170	315
2	32	60	100	200	342
3	35	66	115	216	369
4	38	74	124	230	405
5	43	83	140	248	450
6	48	90	162	270	—
7	53	100	180	297	—

Tabelle 4. Rädertafel zum Vierspindelautomaten Nr. 35.

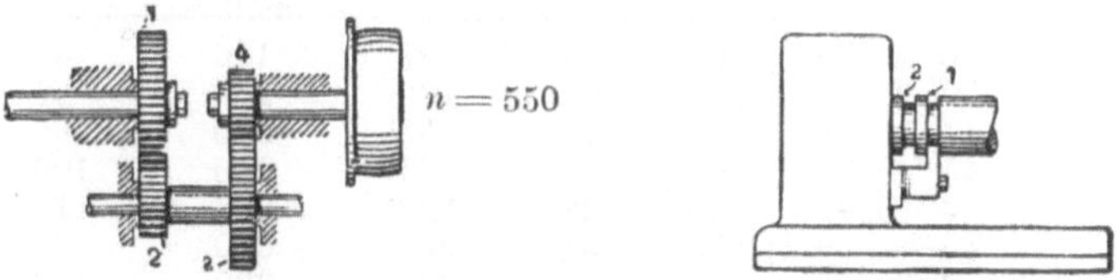

Werkstückspindeln Uml./min	Zähnezahl der Räder im Antriebsräderkasten				Uml./min der Gewindespindel			Schnellbohreinrichtung Uml./min
	1	2	3	4	Raste 1	Raste 2	Rücklauf	
120	50	28	56	22	148	184	70	138
135	48	30	56	22	167	207	79	155
167	44	34	56	22	206	256	97	192
215	39	39	56	22	265	330	125	248
238	50	28	44	34	294	365	138	275
265	44	34	48	30	327	407	155	305
306	39	39	50	28	378	470	178	352
342	39	39	48	30	422	524	200	394
425	39	39	44	34	525	651	247	490
550	Kupplung				685	850	320	633

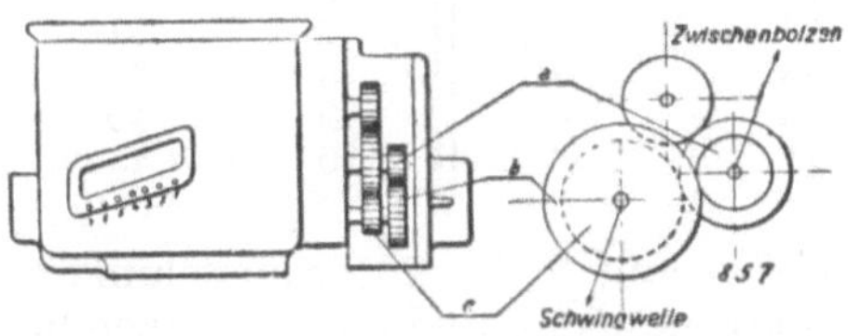

Rad *c* fällt fort, wenn Räder *a* und *b* aufgesteckt werden.
Räder *a* und *b* werden abgenommen, wenn Rad *c* angewendet wird.

Schwinge in Loch	Zähnezahl der Wechselräder				
	$a = 20$ $b = 100$	$a = 34$ $b = 86$	$a = 50$ $b = 70$	$a = 70$ $b = 50$	$c = 30$
	Ungefähre stündliche Stückzahlen				
1	20	40	72	127	230
2	23	46	77	143	252
3	26	51	88	152	280
4	28	56	96	169	308
5	32	62	108	198	335
6	36	70	117	206	365
7	40	76	126	225	—

Tabelle 5. Rädertafel zum Vierspindelautomaten Nr. 48 und zum Vierspindelhalbautomaten Nr. 48.

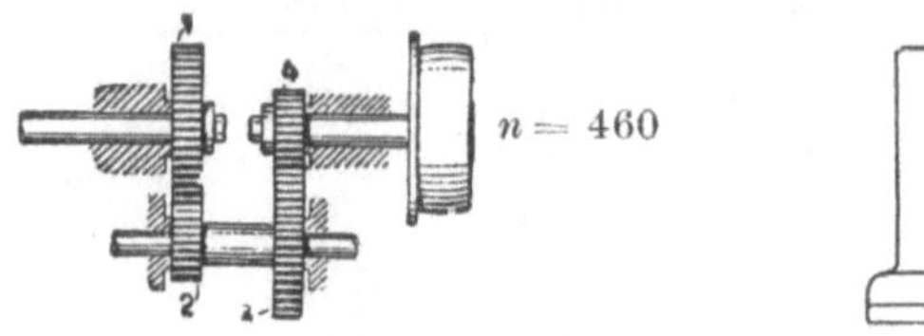

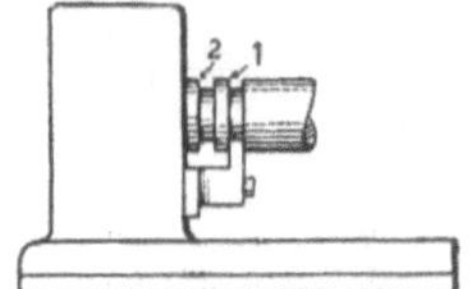

Werkstückspindeln Uml./min	Zähnezahl der Räder im Antriebsräderkasten				Uml./min der Gewindespindel			Schnell-bohrein-richtung Uml./min
	1	2	3	4	Raste 1	Raste 2	Rücklauf	
74 (62)	56	28	60	24	88	116	46	92
100 (84)	50	34	60	24	120	156	62	125
128 (107)	45	39	60	24	153	200	80	160
160 (133)	45	39	56	28	191	250	100	200
184 (154)	42	42	56	28	220	288	115	230
218 (182)	45	39	50	34	260	340	136	272
250 (208)	42	42	50	34	299	390	156	312
320 266)	42	42	45	39	365	435	200	400
(323)	38	46	45	39	380	500	200	400

( ) Diese Zahlen gelten für den Halbautomaten.

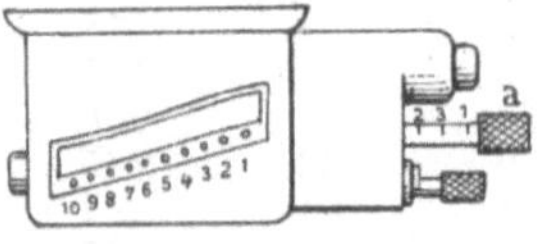

Schwinge in Loch	Griff a in Stellung			Schwinge in Loch	Griff a in Stellung		
	1	2	3		1	2	3
	Ungefähre stündliche Stückzahlen				Ungefähre stündliche Stückzahlen		
1	16	49	138	6	28	82	213
2	17	53	149	7	31	89	236
3	20	58	170	8	35	100	250
4	22	65	185	9	40	110	268
5	25	75	197	10	45	123	290

Für das Beispiel wurden laut S. 15 265 Spindelumdrehungen bei Annahme von 28 m/min Schnittgeschwindigkeit und 35 mm Außendurchmesser der Stange bestimmt. Hierfür sind laut Rädertafel 4, S. 25 einzusetzen: Rad 1 mit 44 Zähnen, Rad 2 mit 34 Zähnen, Rad 3 mit 48 Zähnen und Rad 4 mit 30 Zähnen.

Die Schwinge des Wechselräderkastens ist in Loch 5 zu bringen, während im Nebenkasten Rad a mit 34 und Rad b mit 86 Zähne einzusetzen sind. Für das weitere Einstellen gehe man jedoch zunächst mit der Schwinge 1 oder 2 Löcher herunter. Erst wenn alles richtig eingestellt ist, soll die Leistung auf volle Höhe gebracht werden (s. auch S. 32). Es empfiehlt sich auch stets, mit der Leistung herunter zu gehen, wenn der Automat längere Zeit im kühlen Raum stillgestanden hat. Sobald die Maschine Zeit gehabt hat, eine in allen Teilen gleichmäßige Temperatur anzunehmen, kann wieder auf richtige Leistung gegangen werden. Hierbei ist der Wechselräderkasten von großem Nutzen, indem ohne Umstecken von Wechselrädern der Vorschub der Kurven durch Verschieben der Schwinge (Fig. 5, S. 5) geändert werden kann.

F. Einstellen der Werkzeuge für die einzelnen Spindeln.

1. Die 1. Spindel. Der Formstahl 1 (Fig. 19, S. 13) wird am Rundstahlhalter befestigt, und zwar so, daß die Stahlschneide auf Mitte Werkstück steht, was durch eine besondere Lehre leicht erreicht werden kann. Die am Rundstahlhalter angebrachte Ratsche erlaubt eine Feineinstellung des Stahles. Bei Rundformstählen über 35 mm Breite wird der Formstahlbolzen durch einen Gegenhalter gestützt. Flachformstähle kommen in Halter mit gezahnter Unterlage zum Feineinstellen des Stahles. Die Kurve für den Querschlitten der ersten Spindel wird so befestigt, daß die Rolle des Querschlittenhebels auf dem höchsten Kurvenpunkte steht, wenn der Formstahl grob eingestellt ist. Um die Arbeitsweise des Stahles zu prüfen, wird die Maschine eingerückt und die Trommelwelle durch die Handkurbel gedreht. Fein eingestellt auf den im Werkzeugverteilungsplan angegebenen Arbeitsdurchmesser wird der Formstahl durch die Schraubenspindel des Querschlittens.

Der Zentrierbohrer 5 wird in einen Bohrerhalter so kurz wie möglich eingespannt. Durch die Einstellschrauben (Fig. 11, S. 8) wird das Bohrwerkzeug fein eingestellt.

Bei der Herstellung von Schrauben, Bolzen u. dgl. wird in der Regel die vordere Schafthälfte oder die Gewindelänge mit einem Stichelhaus, das auf dem Winkelblock (Fig. 4, S. 5) befestigt wird, gedreht. Der Stahl des Stichelhauses arbeitet tangential; große Spantiefen können erreicht werden. Die Rollen am Stichelhaus dienen als Gegenführung und zugleich auch als Schlichtwerkzeuge, die das Arbeitsstück glätten. Beim Einstellen der Stichelhäuser ist auf gleichmäßige Druckbelastung der Rollen zu achten.

Sind die Werkzeuge an der ersten Spindel richtig eingestellt, wird die Spindeltrommel durch Rechtsdrehen des Knopfes eingeschaltet und durch die Handkurbel an der Schneckenwelle weitergeschaltet.

2. Die 2. Spindel. Die Spindeltrommel wird durch Linksdrehen des Knopfes wieder ausgeschaltet.

Die beiden Stähle 2 und 2a sind Flachstähle, da die Form glatt und einfach ist; doch könnte auch an dieser Spindel ein Rundformstahl verwendet werden. Die Kurve wird in gleicher Weise eingesetzt wie bei der ersten Spindel.

Der Spiralbohrer 6 sitzt in einem Bohrfutter mit geschlitzter Büchse und wird durch Einstellschraube fein gestellt. Die Schnellbohreinrichtung ist nach den Ausführungen auf S. 9 einzurücken.

Um die zweite Hälfte des zylindrischen Schaftes einer Schraube abzudrehen, wird vorteilhaft ein Schaftstichelhaus gewählt, das in der zweiten Werkzeugaufnahme des Werkzeugschlittens befestigt wird. Das Schaftstichelhaus trägt einen tangential arbeitenden Schruppstahl und einen Querstahl, der zum Drehen eines Ansatzes oder zur Längenbegrenzung der Schraube benutzt werden kann. Für das Einstellen der Rollen usw. gilt das bereits auf S. 27 Gesagte.

Im allgemeinen ist der Vorgang beim Einstellen der Werkzeuge für die zweite Spindel der gleiche wie bei der ersten.

3. Die 3. Spindel. Die Spindeltrommel wird durch Linksdrehen des Knopfes wieder ausgeschaltet.

Formstahl 3 wird am .Rundstahlhalter befestigt.. Er wie auch die Kurve werden genau wie an der ersten und zweiten Spindel eingestellt.

Formbohrer 7 sitzt im Bohrerhalter des Werkzeugschlittens, zweckmäßig in pendelndem Halter, um gut maßhaltige und saubere Bohrung zu erzielen.

4. Die 4. Spindel. Die Spindeltrommel wird durch Linksdrehen des Knopfes wieder ausgeschaltet.

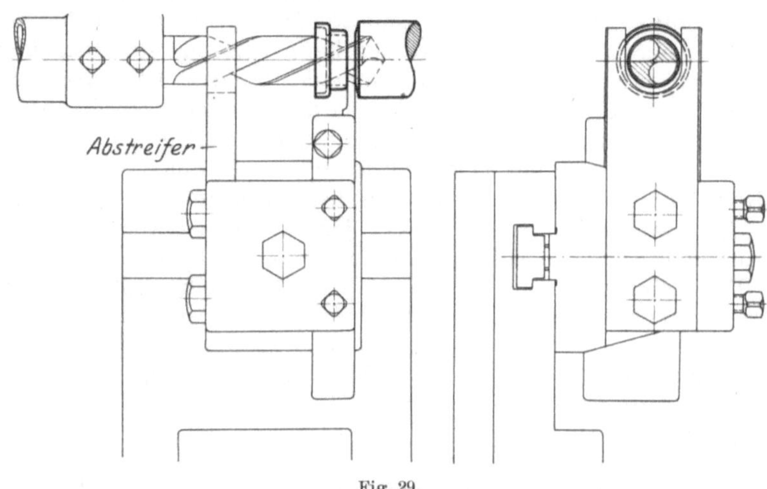

Fig. 29.

Die vierte Spindel dient in der Regel zum Abstechen des fertigen Stückes. Der Abstechstahl 4 wird in einem Halter auf dem Querschlitten befestigt (Fig. 3).

Die Kurve ist so an der Kurvenscheibe anzubringen, daß die Rolle des Hebels auf dem Scheitelpunkt der Kurve steht, wenn der Stahl grob eingestellt ist; fein eingestellt wird er durch die Schraubenspindel des Schlittens.

Soll an der vierten Spindel noch ein Werkzeug im Werkzeugschlitten arbeiten (s. Beispiel 2 und 4 auf S. 35 und 37), so ist auf dem Querschlitten ein Abstreifer anzubringen (Fig. 25).

Das abgestochene Werkstück bleibt auf dem Bohrwerkzeug vorerst hängen und wird beim Rückzuge des Werkzeugschlittens vom Werkzeug abgestreift.

Nachdem so die Werkzeuge aller Spindeln eingestellt sind, wird der Werkstoff-spannhebel und das Vorschubsegment wieder eingebaut und die Spindeltrommel durch Rechtsdrehen des Knopfes eingeschaltet. Hierauf wird zunächst mit Hand-vorschub das Arbeiten aller Werkzeuge beobachtet. Die Kühlrohre sind so einzu-stellen, daß sie die Schneiden der Werkzeuge reichlich mit Kühlflüssigkeit bespülen; denn hiervon und von der Art des Kühlmittels hängt wesentlich das richtige Arbeiten der Werkzeuge und ihre Nutzdauer ab.

G. Einstellen zum Gewindeschneiden.

Gewinde wird an der dritten Spindel geschnitten. In dem im vorigen Abschnitt behandelten Beispiel wurde keine Gewindeschneideinrichtung benutzt. Soll an ihre Stelle ein Bohrwerkzeug treten, so ist die Gewindeschneidwelle mit ihrem Räderblock (Fig. 11, S. 8) zu entfernen.

Wie bereits erwähnt, wird Gewinde durch Überholen geschnitten, so daß die Werkstückspindel nur eine Drehrichtung nötig hat.

1. Gewindeschneiden mit Schneideisen und Gewindebohrer. Der Arbeitsvorgang beim Gewindeschneiden setzt sich aus drei Teilvorgängen zusammen: Im ersten Teilvorgang hat die Gewindeschneidspindel eine höhere Drehzahl als die Werkstückspindel: das Gewinde wird geschnitten. Der Unterschied zwischen den Drehzahlen der Gewindeschneid- und der Werkstückspindel ergibt die Schnittgeschwindigkeit.

Im zweiten Teilvorgange haben Gewinde- und Werkstückspindel gleiche Drehzahl. Im dritten Teilvorgange hat die Gewindespindel eine geringere Drehzahl als die Werkstückspindel: das Gewindeschneidwerkzeug läuft vom Werkstück ab. Der Geschwindigkeitswechsel wird durch selbsttätiges Umschalten der zweiseitigen Klauenkupplung bewirkt.

Nach vollendetem Gewindeablauf wird durch eine Reibkupplung die mittlere Geschwindigkeit, d. h. die gleiche Drehzahl für Gewindeschneidwelle und Werkstückspindel selbsttätig wieder eingeschaltet, damit beim folgenden Auflauf des Werkzeuges sanft und stoßfrei auf hohe Geschwindigkeit umgeschaltet werden kann.

Beim Schneiden von Linksgewinden wird ein besonderer Räderblock eingebaut. Die Gewindespindel läuft dann beim ersten Teilvorgange langsamer als die Arbeitsspindel, beim dritten Teilvorgange schneller.

Die Teilvorgänge werden teils durch die vier Kurven 505÷508 (Fig. 30) veranlaßt, die auf der hinteren Kurvenscheibe (s. auch Fig. 28 auf S. 23) sitzen und auf den Hebel 485 (Fig. 31) wirken, teils durch die Andrückkurve 509 (Fig. 28, S. 23) auf der Kurventrommel, die den Andrückkurvenhebel 481 bewegt.

Dem ersten Teilvorgang entspricht die Hebelstellung I (Fig. 31). Durch die Kurve 505 wird der Hebel 485 im Uhrzeigersinne gedreht, wobei er den Hebel 445 im entgegengesetzten Sinne

Fig. 30.

dreht. Die an dem Hebel 445 befestigte Stange wird hierdurch gehoben und die Kupplung durch den Winkelhebel nach rechts eingerückt. Die Gewindespindel hat nunmehr die erhöhte Drehzahl gegenüber der Werkstückspindel. Der Dreiklinkenhebel 459 hält das Gestänge durch einen Nocken fest. Das Gewindeschneidwerkzeug wird in folgender Weise zum Anschneiden gebracht: die Andrückkurve 509 der Kurventrommel dreht den oberen, in Fig. 31 sichtbaren Teil des Andrückkurvenhebels 481 im linken Drehsinne. Hierbei schiebt der Hebel die Andrückstange 473 und den an ihr verstellbaren Anschlag 479 nach links. Der Anschlag 479 wird so eingestellt, daß das Schneidwerkzeug durch den Hebel 469 an das Arbeitsstück gedrückt wird, und zwar kurz bevor die Rolle des Andrückkurvenhebels 481 den höchsten Punkt der Andrückkurve erreicht. Trifft nun der an dem Anschlag 479 befestigte Kegelbolzen auf den Andrückhebel 469, wird dieser gedreht und schiebt die Gewindespindel unabhängig von der Bewegung des Werkzeugschlittens an das Werkstück. Das Gewindeschneidwerkzeug schneidet an.

Weiter wird die Gewindespindel dann durch das erzeugte Gewinde selbst vorgeschoben, bis die Gewindelänge erreicht ist.

Fig. 31. 1. Teilvorgang zum Gewindeschneiden.

Der Anschlag 464 wird so eingestellt, daß er auf den Dreiklinkenhebel 459 trifft, wenn noch eine Gewindelänge von etwa 5÷6 mm zu schneiden ist. Dabei wird der Hebel 459 gedreht und der Sperrhaken des unteren Hebelarmes ausgelöst.

Fig. 32.

Fig. 33.

Nun kann die Spiralfeder 350, die durch den ersten Teilvorgang gespannt wurde, die Klauenkupplung im Werkzeugschlitten über das Gestänge umschalten.

Durch die Kurve 506 ist der Hebel 485 gedreht worden, bis er in Mittelstellung stehen bleibt, d. h. die Schraube des Auffanghebels 449 etwa berührt.

Diese Stellung entspricht dem Teilvorgange II (s. Fig. 32). Gewinde- und Werkstückspindel haben jetzt die gleiche Drehzahl.

Dem dritten Teilvorgange entspricht die Hebelstellung III (Fig. 33). Durch die Kurve 508 ist der Hebel 485 mit seinem oberen Teil im linken Sinne gedreht worden, so daß er den Auffanghebel 449 schwenkt und dadurch den Hebel 445 freigibt. Die Spiralfeder 350 schaltet die Klauenkupplung im Werkzeugschlitten über das Gestänge um, so daß die Gewindespindel nun mit niedrigerer Drehzahl als die Werkstückspindel läuft: das Gewindeschneidwerkzeug läuft vom Werkstück ab.

Hat das Werkzeug das Werkstück verlassen, zieht die Spiralfeder 424, die beim Vorschieben der Gewindespindel gespannt wurde, die Gewindespindel vollständig zurück. Die Kurve 507 schaltet die mittlere Geschwindigkeit der Gewindespindel wieder ein, damit dadurch der nächste Gang der Gewindespindel möglichst stoßfrei wieder eingeschaltet werden kann.

Beim Rücklauf des Werkzeugschlittens gleitet der Hebel 469 über den Druckbolzen des Anschlages 479 zurück.

Die Gegenkurve für den Hebel 481 sowie die Kurven 507 und 505 können in kleinem Abstand jetzt angestellt und befestigt werden.

Die Andrückkurve für die Gewindespindel an der Kurventrommel und die Kurven 505 und 508 an der hinteren Kurvenscheibe lassen sich in gewissen Grenzen verstellen. Das Gewindeschneiden beansprucht in der Regel nur einen Teil der an den übrigen 3 Spindeln erforderlichen Bearbeitungszeit. Am zweckmäßigsten wird daher das Gewindeschneiden in den letzten Teil der Bearbeitungszeit verlegt, damit die Gewindespindel möglichst wenig aus dem Werkzeugschlitten herausgedrückt werden muß, vielmehr einen Teil des Weges mit dem Werkzeugschlitten zurücklegt.

2. Gewindeschneiden mit selbstöffnendem Gewindeschneidkopf SH. Soll an Stelle eines Schneideisens ein selbstöffnender Gewindeschneidkopf Anwendung finden, werden folgende Teile der Gewindeschneideinrichtung überflüssig und abgebaut (s. auch Fig. 31): Umschaltgestänge für die Kupplung im Werkzeugschlitten, Dreiklinkenhebel 459, Hebel 485 und Aufnahmehalter für das Schneideisen.

Im Innern des Kopfes liegt eine Zusatzfeder, die zum Regeln der Spannung zwischen Schneidkopf und Gewindespindel dient, entsprechend dem Durchmesser und der Steigung des zu schneidenden Gewindes. Die Rundmutter zur Befestigung der Zusatzfeder im Kopf

Fig. 34.

(Fig. 34) wird in die Gewindespindel eingesetzt und durch Stift befestigt. Der Kopf wird mit Hilfe eines Ringes und zweier Schrauben an der Gewindespindel befestigt. Er muß in radialer Richtung leicht pendeln. Auf dem Schneidkopf ist eine Schließhaube c mit schrägen Schlitzen leicht beweglich aufgesetzt. In den Schlitzen führen sich Rollen, die paarweise am beweglichen Vorderteil des Kopfes und an einem ein- und feststellbaren Rollenträger gelagert sind. Der Lagerbock a des Einschwinghebels b wird an der Arbeitsleiste des Werkzeugschlittens durch Schrauben befestigt. Der Kurvenhalter d wird auf der Deckleiste des Bettes derart angebracht, daß der Werkzeugschlitten noch etwa 10÷12 mm Rückweg zu machen hat, wenn die untere Rolle des Hebels b auf den an dem Kurvenhalter befestigten Anschlag f trifft. Die Langlöcher im Kurvenhalter ermöglichen kleine Veränderungen seiner Stellung. Die Kupplung auf der Gewindespindel wird durch einen Ring, der an Stelle des Räderblockes tritt, festgestellt (Fig. 11, S. 8).

Arbeitsweise des Gewindeschneidkopfes. Gewindeschneidkopf und Werkstückspindel haben nur eine Drehrichtung im gleichen Sinne, der Kopf dreht sich jedoch dauernd mit der Überholungsgeschwindigkeit, so daß die Umschaltungen, die bei der Erklärung der Gewindeschneideinrichtung erwähnt wurden, fortfallen.

Durch Hebel 481 (Fig. 31) wird das Gewinde in der gleichen Weise, wie auf S. 29 beschrieben, angeschnitten, und ebenso werden Gewindespindel und Schneidkopf durch das geschnittene Gewinde selbst weiter vorgeschoben. Etwa 5÷6 mm vor erreichter Gewindelänge muß der Anschlag 464 auf die Platte 490 treffen.

Der Vorschub der Gewindespindel ist hierdurch beendet, während der vordere Teil des Gewindeschneidkopfes etwa 5÷6 mm durch das erzeugte Gewinde herausgezogen wird. Der Indexstift im Schneidkopf verläßt die Raste und die Schneidbacken werden selbsttätig aus den Gewindegängen zurückgezogen. Die durch das Vorschieben der Gewindespindel gespannte Feder 424 zieht die Gewindespindel zurück.

Beim Rücklauf des Werkzeugschlittens läuft die untere Rolle des Hebels b (Fig. 34) zuerst über die Kurve e, wodurch der Hebel gegen den Schneidkopf schwingt, und trifft sodann auf den Anschlag f, wodurch sich der obere Teil des Hebels b um den Zapfen i nach links dreht. Durch die obere Rolle des Hebels b, die sich gegen den Ring g gelegt hat, erhält die Kurvenhaube c des Schneidkopfes eine schraubenförmige Bewegung dadurch, daß sich die hinteren Schlitze an den Rollen des feststellbaren Rollenträgers führen. Der Schneidkopf wird nun durch die in den vorderen schrägen Schlitzen geführten Rollen wieder geschlossen. Er ist bereit für den nächsten Gewindeschneidvorgang.

Beim nächsten Vorschub des Werkzeugschlittens schwingt der Hebel b durch die Feder k wieder nach außen, und der Gewindeschneidkopf kann ohne Behinderung zum Anschneiden an das Werkstück gebracht werden.

H. Einsetzen der Schnellschaltkurven.

Die Schnellschaltkurven (Fig. 7, S. 5) müssen so eingesetzt werden, daß die Trommelwelle schnell läuft, nachdem die Werkzeuge aus dem Werkstück gezogen wurden, so lange, bis sich das längste Werkzeug des Werkzeugschlittens auf 1,5÷2 mm und das der Querschlitten auf 1÷1,5 mm dem Werkstück wieder genähert hat.

Nunmehr kann der Selbstgang der Trommelwelle eingeschaltet werden. Arbeiten Maschine und Werkzeuge gut, ist allmählich der Vorschub einzustellen, der sich laut Berechnung auf S. 15 ergeben hat.

J. Materialvorschub in vierter Spindel.

Auf S. 12 ist erwähnt, daß der Werkstoffvorschub an der ersten Spindel liegt. Er kann aber auch an die vierte Spindel verlegt werden (Fig. 35), wenn eine bessere Ausnutzung der Werkzeuge es erforderlich macht.

Dies ist dann der Fall, wenn die Werkzeuge der ersten und zweiten Spindel nicht genügen, um die Werkstücke bis zum Gewindeschneiden vorzuarbeiten (s. Beispiel 3, S. 36).

Für den Anbau des Werkstoffvorschubes an der vierten Spindel müssen einige Umstellungen vorgenommen werden: der Spannhebel wird umgesteckt und wirkt nun auf die vierte Spindel. Die Spann- und Vorschubkurven müssen entsprechend auf der Trommel versetzt werden. Das Vorschubstück des Vorschubhebels und der Stangenanschlag mit Hebel und Kurve sind in veränderter Ausführung nach Fig. 35 anzubauen.

K. Anschlagkreuz.

Wenn äußere Formarbeiten mit besonderer Genauigkeit ausgeführt werden sollen, ist ein Anschlagkreuz erforderlich (Fig. 36).

Es wird an der Spindeltrommel in die vorhandenen Befestigungslöcher geschraubt, während die Anschläge an je einen der 4 Querschlitten zu befestigen sind. Nachdem alle Werkzeuge eingestellt sind, werden die Einstellschrauben des Anschlagkreuzes so gestellt, daß bei aufgelaufener Kurve die Schrauben auf den jeweiligen Anschlag treffen, wenn der Durchmesser des Werkstückes erreicht ist. Federungen in den Gestängen und Hebeln werden durch das Anschlagkreuz fast unschädlich gemacht und Werkstücke mit geringen Toleranzen erzielt.

Fig. 35.

III. Beispiele.

Die nachfolgenden Beispiele zeigen in Zeichnungen und Tabellen die Verteilung der Werkzeuge an den 4 Spindeln des betreffenden Automaten. Aus den Tabellen sind ohne weiteres die erzielten Vorschübe und Schnittgeschwindigkeiten für die Werkzeuge ersichtlich. Weiter sind die minutlichen Umläufe der Werkstückspindeln und die stündlichen Leistungen angegeben.

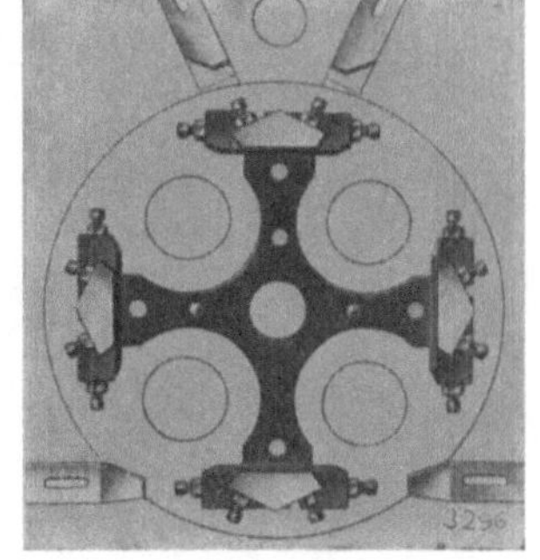

Fig. 36.

Um die wirklichen Tagesleistungen zu erhalten, sind von den angegebenen Stundenleistungszahlen 12÷15% abzuziehen für Einschieben der Stangen, Entfernen der Späne, Schleifen der Werkzeuge usw.

Beispiel 1. Herstellung eines Messinghahnteiles auf einem Vierspindelautomaten 22 mm Durchgang.

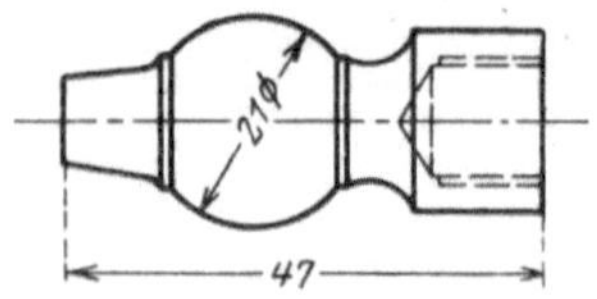

<table>
<tr><td colspan="2"></td><td colspan="2">Werkstoff: Stangenmessing 22 mm Ø
Spindelumdrehungen $n = 730$ Uml/min
Stündliche Leistung = 315 Stück
Stangenvorschub: an der ersten Spindel</td></tr>
</table>

Spindel	Arbeitsgang	Werkzeugträger	Werkzeug Arbeitsweg u. Höhe d. Kurve mm	Werkzeug Vorschub mm/Uml.	Art des Werkzeuges und Nr. laut Werkzeugverteilungsplan Fig. 37	Schnittgeschwindigkeit m/min.
1.	Zentrieren und Länge begrenzen	Werkzeugschlitten	15	0,13	Zentrierbohrer 6 Stahl 5	50
	vordere Form drehen	Querschlitten	6	0,05	Flachmesser 1	50
2.	Bohren	Werkzeugschlitten	15	0,05	Flachbohrer 7	62
	Kugelform drehen	Querschlitten	5	0,042	Flachmesser 2	50
3.	Gewinde schneiden	Werkzeugschlitten	—	—	Gewindebohrer 8	4
	Kegelzapfen drehen	Querschlitten	3	0,025	Flachmesser 3	33
4.	Abstechen	Querschlitten	6	0,05	Abstechstahl 4	23

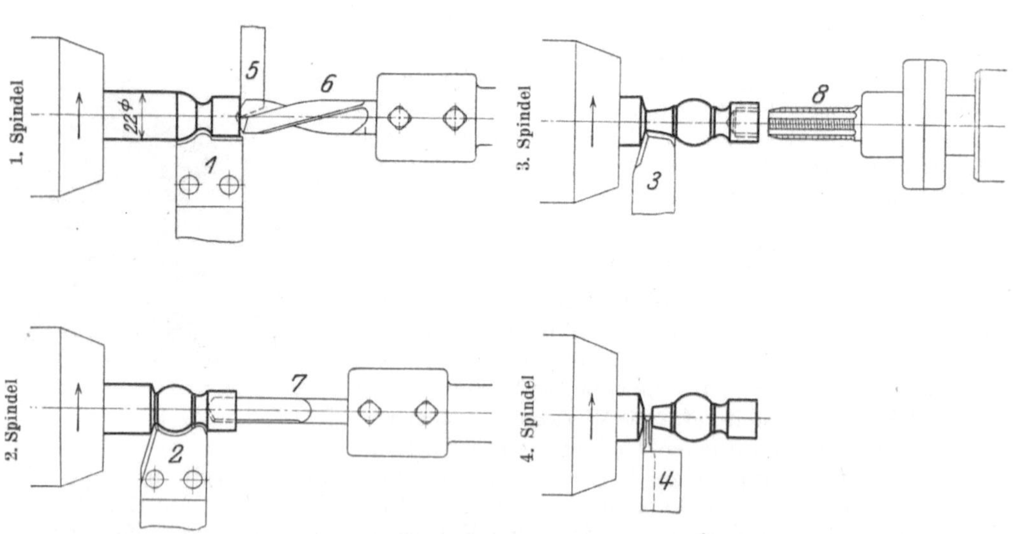

Fig. 37. Werkzeugverteilungsplan zu Beispiel 1.

Beispiel 2. Herstellung einer Fahrradschale auf einem Vierspindelautomaten 48 mm Durchgang.

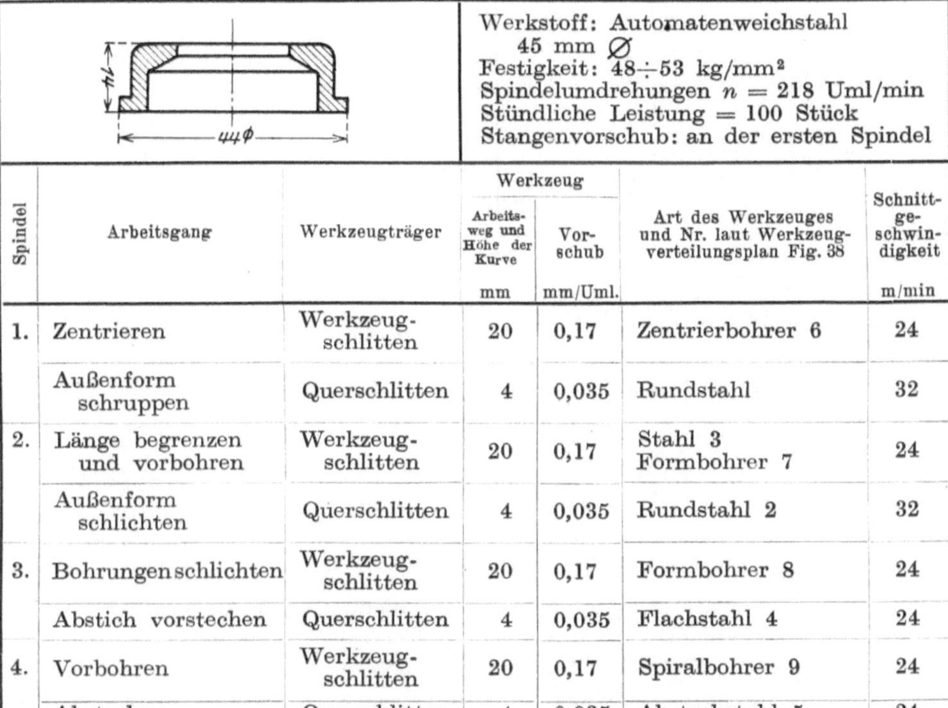

<table>
<tr><td colspan="2">

Werkstoff: Automatenweichstahl
    45 mm $\varnothing$
Festigkeit: $48 \div 53$ kg/mm²
Spindelumdrehungen $n = 218$ Uml/min
Stündliche Leistung = 100 Stück
Stangenvorschub: an der ersten Spindel
</td></tr>
</table>

Spindel	Arbeitsgang	Werkzeugträger	Arbeitsweg und Höhe der Kurve mm	Vorschub mm/Uml.	Art des Werkzeuges und Nr. laut Werkzeugverteilungsplan Fig. 38	Schnittgeschwindigkeit m/min
1.	Zentrieren	Werkzeugschlitten	20	0,17	Zentrierbohrer 6	24
	Außenform schruppen	Querschlitten	4	0,035	Rundstahl	32
2.	Länge begrenzen und vorbohren	Werkzeugschlitten	20	0,17	Stahl 3 Formbohrer 7	24
	Außenform schlichten	Querschlitten	4	0,035	Rundstahl 2	32
3.	Bohrungen schlichten	Werkzeugschlitten	20	0,17	Formbohrer 8	24
	Abstich vorstechen	Querschlitten	4	0,035	Flachstahl 4	24
4.	Vorbohren	Werkzeugschlitten	20	0,17	Spiralbohrer 9	24
	Abstechen	Querschlitten	4	0,035	Abstechstahl 5	24

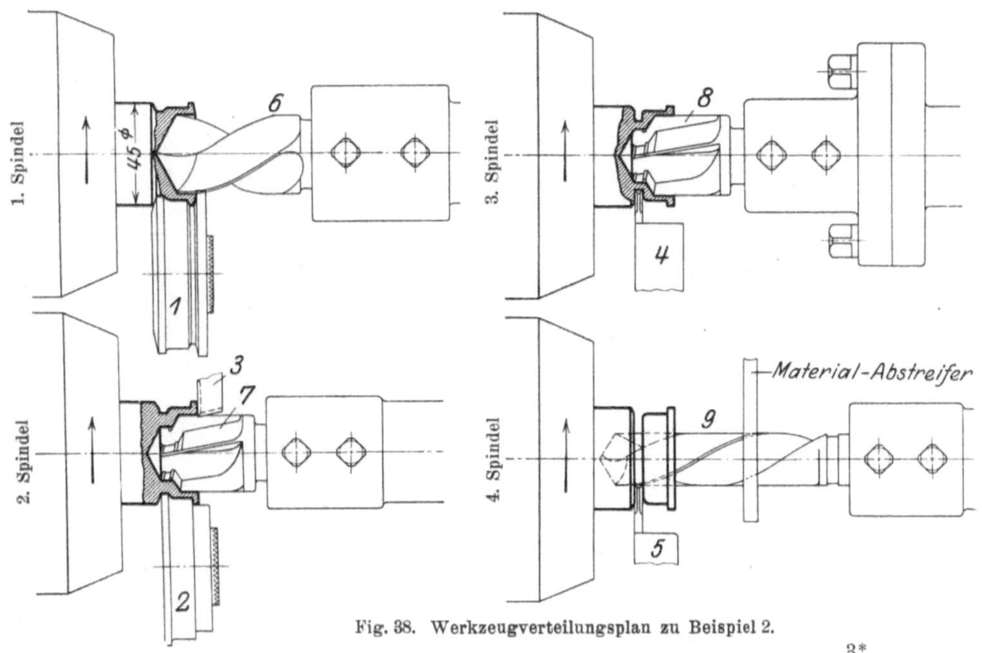

Fig. 38. Werkzeugverteilungsplan zu Beispiel 2.

Beispiel 3. Herstellung eines Motorteiles auf einem Vierspindelautomaten 48 mm Durchgang.

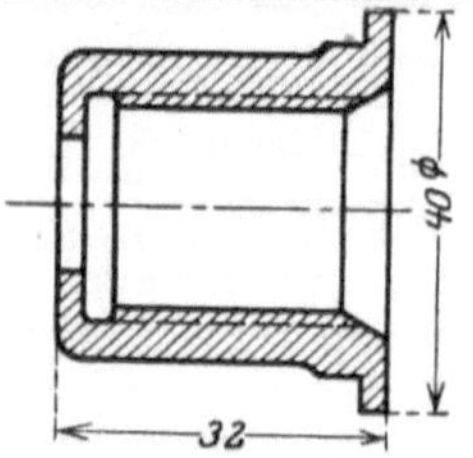

Werkstoff: Automatenweichstahl
40 mm $\varnothing$
Festigkeit: 50÷55 kg/mm²
Spindelumdrehungen $n = 250$ Uml/min
Stündliche Leistung = 58 Stück
Stangenvorschub: an der vierten Spindel

Spindel	Arbeitsgang	Werkzeugträger	Werkzeug		Art des Werkzeuges und Nr. laut Werkzeugverteilungsplan Fig. 39	Schnittgeschwindigkeit
			Arbeitsweg u. Höhe d. Kurve mm	Vorschub mm/Uml.		m/min
4.	Vorbohren	Werkzeugschlitten	40	0,19	Spiralbohrer 5	14
	Außenform schruppen	Querschlitten	8	0,035	Rundstahl 1	28
1.	Bohrungen schlichten	Werkzeugschlitten	40	0,16	Formbohrer 6	17,5
	Außenform schlichten	Querschlitten	4	0,018	Rundstahl 2	28
2.	Einstich drehen	Werkzeugschlitten	1,5	0,007	Einstechstahl 7	15
	Plan drehen und Länge begrenzen	Querschlitten	8	0,038	Flachstähle 3 u. 3a	28
3.	Gewinde schneiden	Werkzeugschlitten	—	—	Gewindebohrer 8	3,2
	Abstechen	Querschlitten	8	0,038	Abstechstahl 4	20

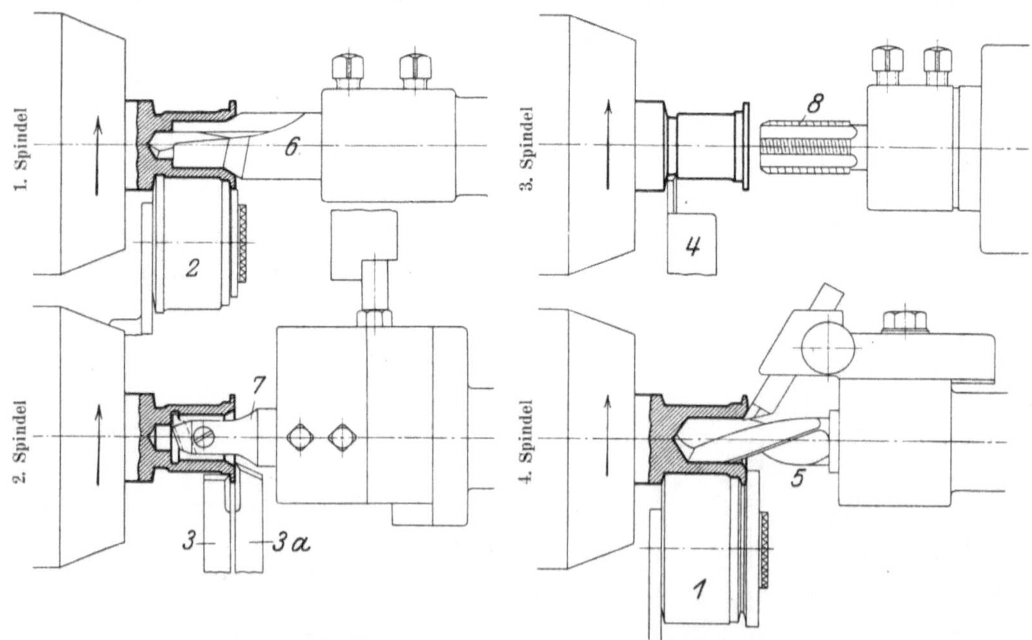

Fig. 39. Werkzeugverteilungsplan zu Beispiel 3.

Beispiel 4. Herstellung eines Antreibers für Fahrradnaben auf einem Vierspindelautomaten 48 mm Durchgang.

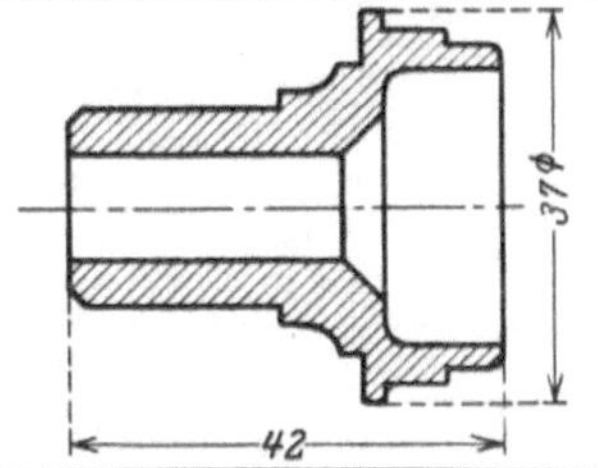

Werkstoff: Automatenweichstahl 38 mm $\varnothing$
Festigkeit: 50÷55 kg/mm²
Spindelumdrehungen $n = 250$ Uml/min
Stündliche Leistung = 120 Stück
Stangenvorschub: an der ersten Spindel

Spindel	Arbeitsgang	Werkzeugträger	Arbeitsweg und Höhe der Kurve mm	Vorschub mm/Um	Art des Werkzeuges und Nr. laut Werkzeugverteilungsplan Fig. 40	Schnittgeschwindigkeit m/min
1.	Zentrieren, überdrehen	Werkzeugschlitten	20	0,17	Zentrierbohrer 8 Stahl 7	26,5
	Außenform schruppen	Querschlitten	5	0,044	Rundstahl 1	26,5
2.	Bohren (1. Hälfte)	Werkzeugschlitten	20	0,0675	Spiralbohrer 9	17
	Außenform schruppen	Querschlitten	5	0,038	Rundstahl 2	26,5
3.	Bohren (2. Hälfte)	Werkzeugschlitten	20	0,075	Spiralbohrer 10	17
	Form schlichten Einstiche drehen	Querschlitten	3	0,026	Rundstahl 3 Flachstähle 4 u. 5	26,5
4.	Kugellauf schlichten	Werkzeugschlitten	20	0,17	Formbohrer 11	18
	Abstechen	Querschlitten	4	0,038	Abstechstahl 6	16

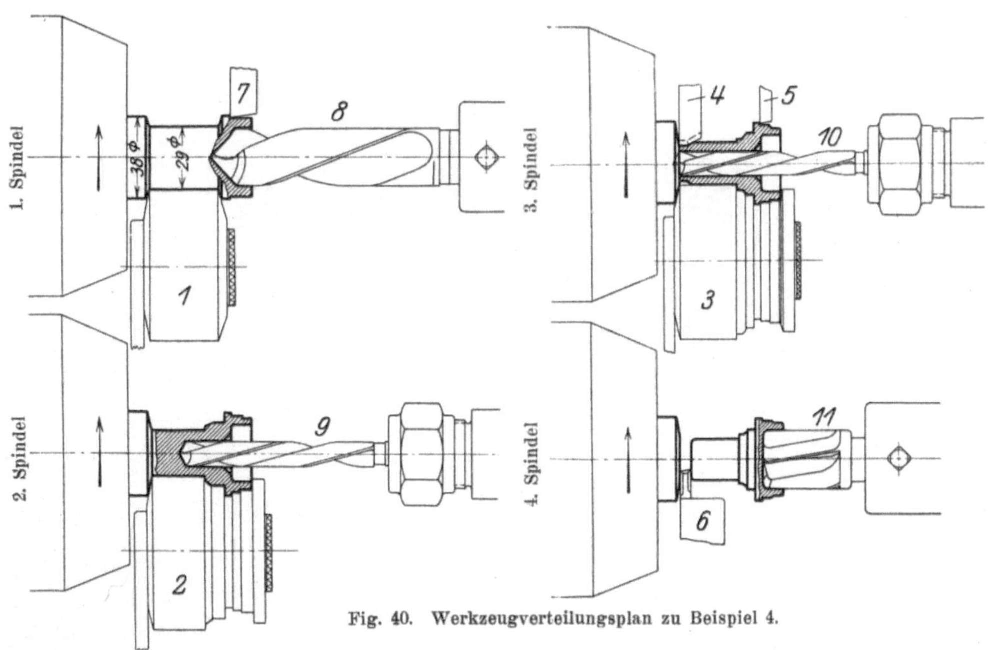

Fig. 40. Werkzeugverteilungsplan zu Beispiel 4.

Beispiel 5. Bearbeitung einer Ventilspindel auf einem Vierspindelhalbautomaten 48 mm Durchgang.

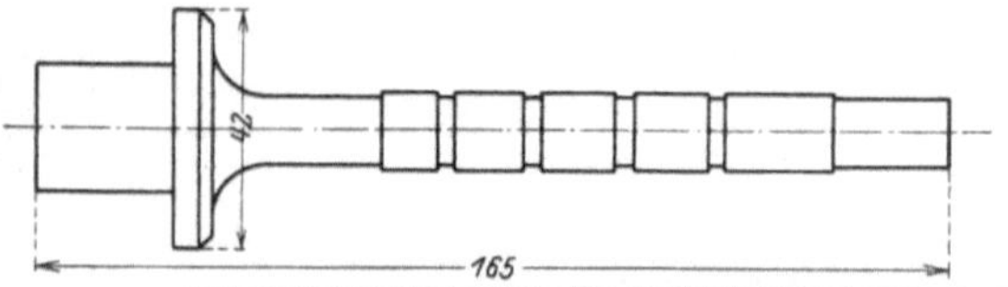

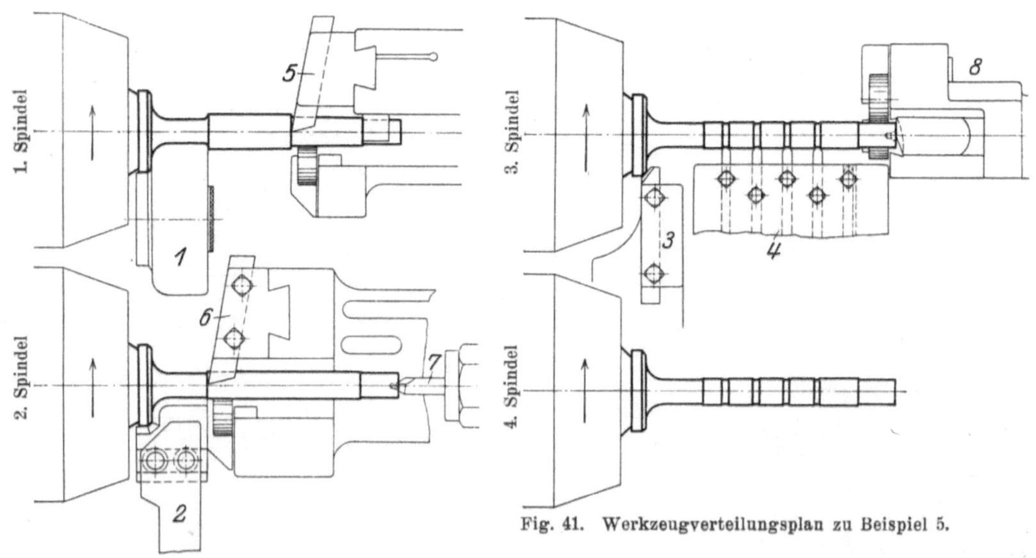

Werkstoff: S. M. Stahl gepreßt
Festigkeit: 50÷55 kg/mm²
Spindelumdrehungen $n = 218$ Uml/min
Stündliche Leistung = 35 Stück

Spindel	Arbeitsgang	Werkzeugträger	Werkzeug		Art des Werkzeuges und Nr. laut Werkzeugverteilungsplan	Schnittgeschwindigkeit
			Arbeitsweg u. Höhe d. Kurve mm	Vorschub mm/Uml.		m/min
1.	1. Hälfte d. Schaftes drehen	Werkzeugschlitten	60	0,16	Stahl 5	10
	Außenform schruppen	Querschlitten	14	0,035	Rundstahl 1	32
2.	2. Hälfte d. Schaftes rehen u. zentrieren	Werkzeugschlitten	60	0,16	Stahl 6 Bohrer 7	10
	Außenform schlichten	Querschlitten	14	0,038	Flachmesser 2	32
3.	Einstiche drehen u. Kegel schlichten	Querschlitten	4	0,01	Stähle 3 u. 4	32
	Begrenzen	Werkzeugschlitten			Rollenführung mit Kanonenbohrer 8	10
4.	Ein- u. Ausspannen					

Fig. 41. Werkzeugverteilungsplan zu Beispiel 5.

Die Vierspindelautomaten System Gridley.
(Bauart Hasse & Wrede[1].)

Von Oberingenieur Ph. Kelle.

I. Beschreibung der Maschine.

Der Automat ist in der Hauptsache ein Stangenautomat für Werkstoffdurchmesser von 20÷55 mm, kann jedoch auch durch eine besondere Einrichtung als Futterautomat für beschränkte Durchmesser verwendet werden. Er unterscheidet sich von allen anderen Mehrspindelautomaten grundsätzlich.

Fig. 1. Vierspindelautomat System Gridley. Vorderansicht.

Während bei diesen die Spindeltrommel mit den Arbeitsspindeln und der Werkzeugschlitten mit den Werkzeugen in keiner unmittelbaren Verbindung stehen, sondern jeder Teil für sich auf oder im Bett der Maschine gelagert und geführt ist, bildet beim Gridley-Vierspindler der Revolverkopf die unmittelbare Fortsetzung der Spindeltrommel, d. h. beide bestehen sozusagen aus einem Stück.

---

[1] S. Einleitung des Herausgebers zu Heft 21: Einrichten von Automaten 1. Teil.

Fig. 1÷2 zeigen die Maschine in Vorder- und Rückansicht. Aus Fig. 6 ist ersichtlich, daß aus der links gelagerten Spindeltrommel zentrisch ein runder Schaft herausragt, auf dem der vierkantige Revolverkopf sich führt. Das hat den Vorteil, daß der Revolverkopf stets zentrisch zur Spindeltrommel bzw. zu

Fig. 2. Vierspindelautomat System Gridley. Rückansicht.

den Arbeitsspindeln bleibt, unbeschadet der Abnutzung der Spindeltrommel im Lagergehäuse. Noch deutlicher zeigt Fig. 3, daß Spindeltrommel und Revolverkopf sozusagen ein zusammenhängendes Element bilden. Der Mechanismus der Maschine geht aus den Fig. 4÷11 hervor.

Fig. 3.

1. Der Hauptantrieb. Die Arbeitsspindeln, sowie die ganze Maschine werden durch die am rechten Maschinenende gelagerte Einscheibe angetrieben, ferner durch Umsteckräder in dieser Scheibe, indem diese die durch die Mitte der Maschine gehende lange Welle 1 (Fig. 6) treiben, auf deren linkem Ende ein Zentralrad sitzt, das die Räder der vier Arbeitsspindeln I÷IV (Fig. 5) antreibt.

2. Der Antrieb der Steuerung (Vorschubantrieb). Die Maschine besitzt eine einzige Steuerwelle, die in für den Arbeiter bequemer Höhenlage hinter der Maschine liegt (Fig. 2 und 9). Von dieser Steuerwelle aus werden außer dem Hauptantrieb sämtliche Bewegungen der Maschine abgeleitet. Sie hat einen langsamen Gang für die Arbeitszeit und einen Schnellgang für die Totzeit und wird daher auf zwei verschiedene Arten angetrieben.

a) **Arbeitsgang.** Von der Antriebwelle 1 wird durch Schneckengetriebe 2 und 3 die Welle 4 angetrieben (Fig. 8 :–11). Das Schneckenrad 3 läuft lose und wird durch eine Sicherheitskupplung, bestehend aus der Reibscheibe 5 und der Kupplungshülse 6, mit der Welle 4 verbunden (Fig. 8). Auf Welle 4 sitzt Stirnrad 7, das mit einem Rad 8 im Schwinghebel 9 kämmt. Rad 8 kann mit einem der drei Räder 10, 11, 12, die im Schwinghebel 13 gelagert sind, in Eingriff gebracht werden (Fig. 10 u. 11). Rad 12 kann wiederum mit einem der Räder des sechsteiligen Räderblocks 14 in Eingriff gebracht werden, der auf Welle 15 sitzt.

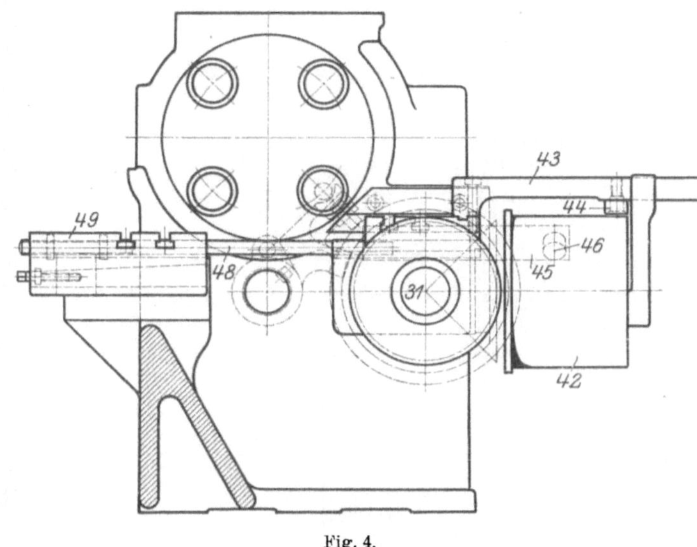

Fig. 4.

Dieser Welle können demnach $3 \cdot 6 = 18$ Geschwindigkeiten erteilt werden. Räderblock 14 läuft lose auf Welle 15 und ist mit einem Sperrad 16 verbunden. Neben diesem sitzt fest auf der Welle das Teil 17 mit der Sperrklinke 18, durch die die Welle mitgenommen wird, da sich der Räderblock mit dem Sperrad in der bezeichneten Pfeilrichtung dreht (Fig. 10 und 11).

b) **Schnellgang.** Von der Antriebwelle 19 wird durch Kegelräder 20, 21 die Welle 22 und durch Stirnrad 23 das lose laufende Stirnrad 24 angetrieben (Fig. 10). Dieses besitzt eine Spreizringkupplung 25, die durch Verschiebung der Muffe 26 betätigt wird, indem sich der Keil 27 zwischen die beiden Spreizhebel 28 schiebt.

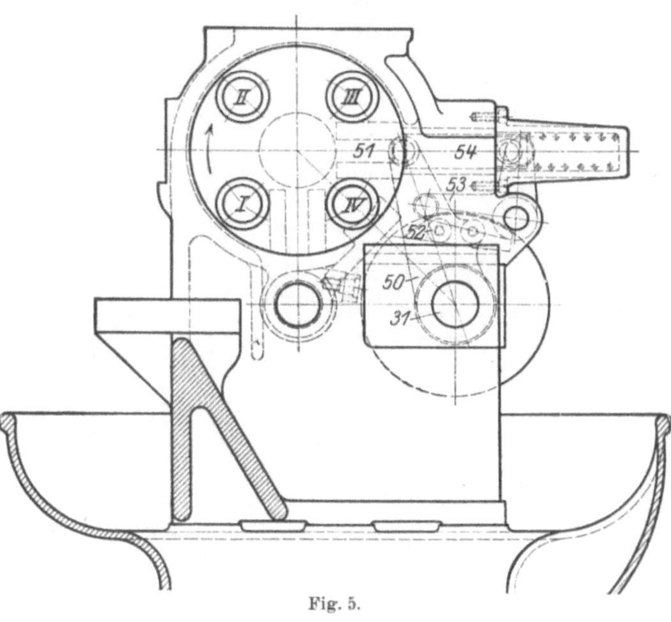

Fig. 5.

Ist die Kupplung ausgerückt, so läuft die Welle 15 mit langsamer Geschwindigkeit, angetrieben durch den Räderblock 14 und Sperrklinke 18. Wird die Kupplung dagegen eingerückt, so läuft die Welle 15 mit Schnellgang,

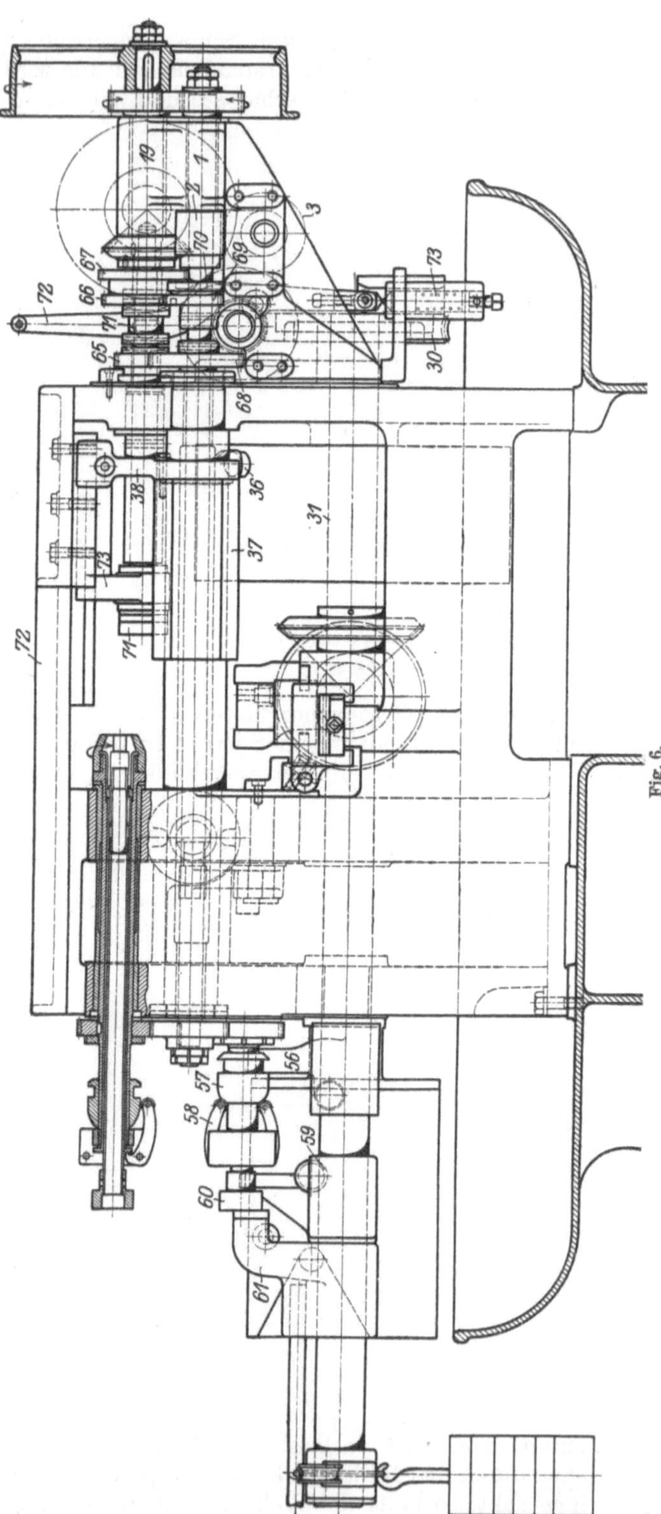

wobei die sich nunmehr mit der Welle schneller drehende Klinke 18 über den Rücken der Zähne des Sperrades 16 am Räderblock 14 schiebt. Von Welle 15 wird der Antrieb durch Schnecke 29 und Schneckenrad 30 auf die Steuerwelle 31 übertragen (Fig. 5).

c) Die Steuergeschwindigkeit. Sie wird von der auf der Steuerwelle sitzenden Kurventrommel 32 (Fig. 7) bestimmt, auf der seitlich in der Ringnut 33 Anschläge eingestellt werden können, die den Hebel 34 und den mit ihm auf gleichem Bolzen sitzenden Hebel 35 bewegen. Der Hebel 35 greift gabelförmig um die Kupplungshülse 26 (Fig. 10).

3. Die Bewegung des Revolverkopfes. Der Revolverkopf wird durch Kurven auf dem Umfang der Trommel 32 (Fig. 6), die an der Rolle 36 eines mit dem Revolverkopf 37 verschraubten Hebels 38 angreifen, bewegt. Dieser Hebel führt sich auf einer Leiste 39 und sichert dadurch den Revolverkopf gegen Verdrehung (Fig. 9).

4. Die Verschiebung der Querschlitten. Von der Steuerwelle 31 wird durch Kegelräder 40, 41 die Kurventrommel 42 ange-

trieben (Fig. 7). Die Kurven auf ihrem Umfange bewegen den hinteren Querschlitten durch eine an der Schiene 43 befestigte Rolle 44 und den vorderen Querschlitten durch die Rolle 46 an der Schiene 45. Schiene 43 ist in dem hinteren Querschlitten 47 gelagert und Schiene 45 ist durch eine Zugstange 48 mit dem vorderen Querschlitten 49 verbunden (Fig. 4 u. 7).

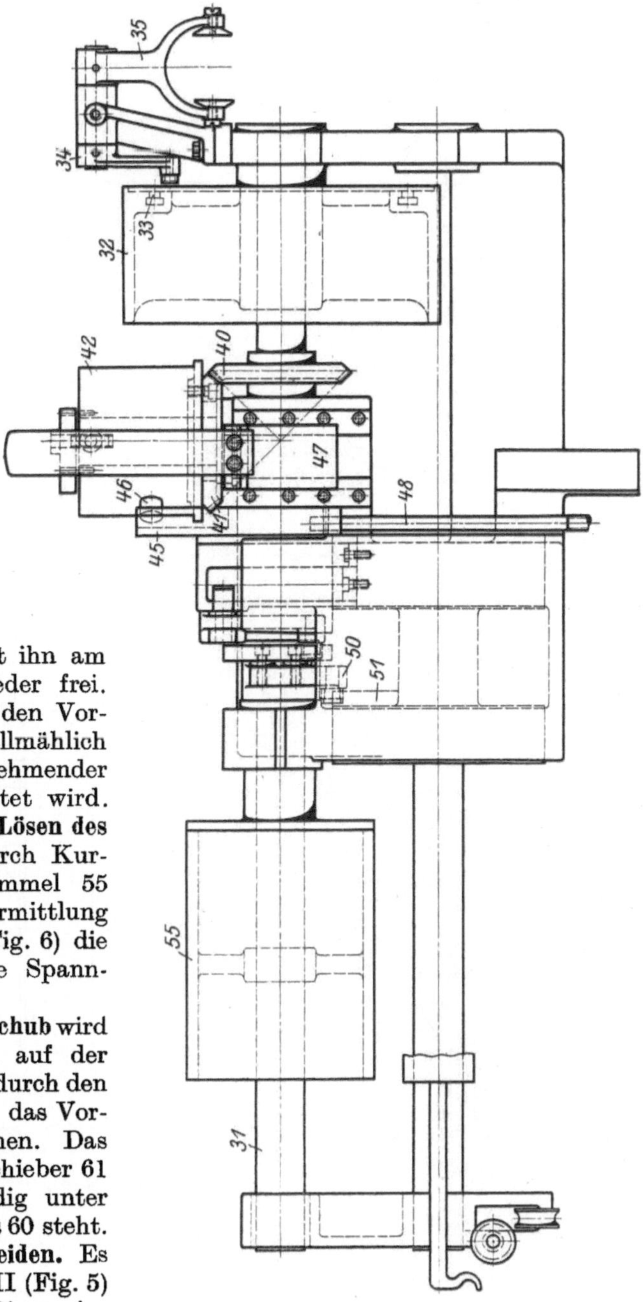

5. Die Schaltung der Spindeltrommel (Fig. 12). Die Spindeltrommel 1 hat vier Schlitze 2, in die der Hebel 3 eintritt (Anfangstellung) und die Trommel um $^1/_4$ Umdrehung schaltet (Endstellung). Bevor die Schaltung beginnt, hebt ein am Hebel 3 befestigter Daumen 4 durch den Winkelhebel 5 den Riegel 6 heraus und läßt ihn am Ende der Schaltung wieder frei. Diese Konstruktion hat den Vorteil, daß mit langsamer, allmählich zu- und dann wieder abnehmender Geschwindigkeit geschaltet wird.

6. Das Spannen und Lösen des Werkstoffs geschieht durch Kurven auf der Kurventrommel 55 (Fig. 7), die unter Vermittlung des Gabelschiebers 56 (Fig. 6) die Spannmuffe 57 und die Spannhebel 58 bewegen.

7. Der Werkstoffvorschub wird ebenfalls durch Kurven auf der Trommel 55 bewirkt, die durch den Gabelschieber 59 (Fig. 6) das Vorschubrohr 60 zurückziehen. Das Rohr wird durch den Schieber 61 vorgeschoben, der ständig unter dem Druck des Gewichtes 60 steht.

8. Das Gewindeschneiden. Es wird stets auf Spindel III (Fig. 5) Gewinde geschnitten. Dieser Arbeitsspindel gegenüber befindet sich die Gewindespindel 71 (Fig. 6), die unabhängig von den übrigen Werkzeugen vor- und zurückgeht. Geschnitten wird durch

Überholung derart, daß die Gewindespindel sich beim Verlauf langsamer als die Arbeitsspindel (in deren Pfeilrichtung, Fig. 5), beim Rücklauf schneller

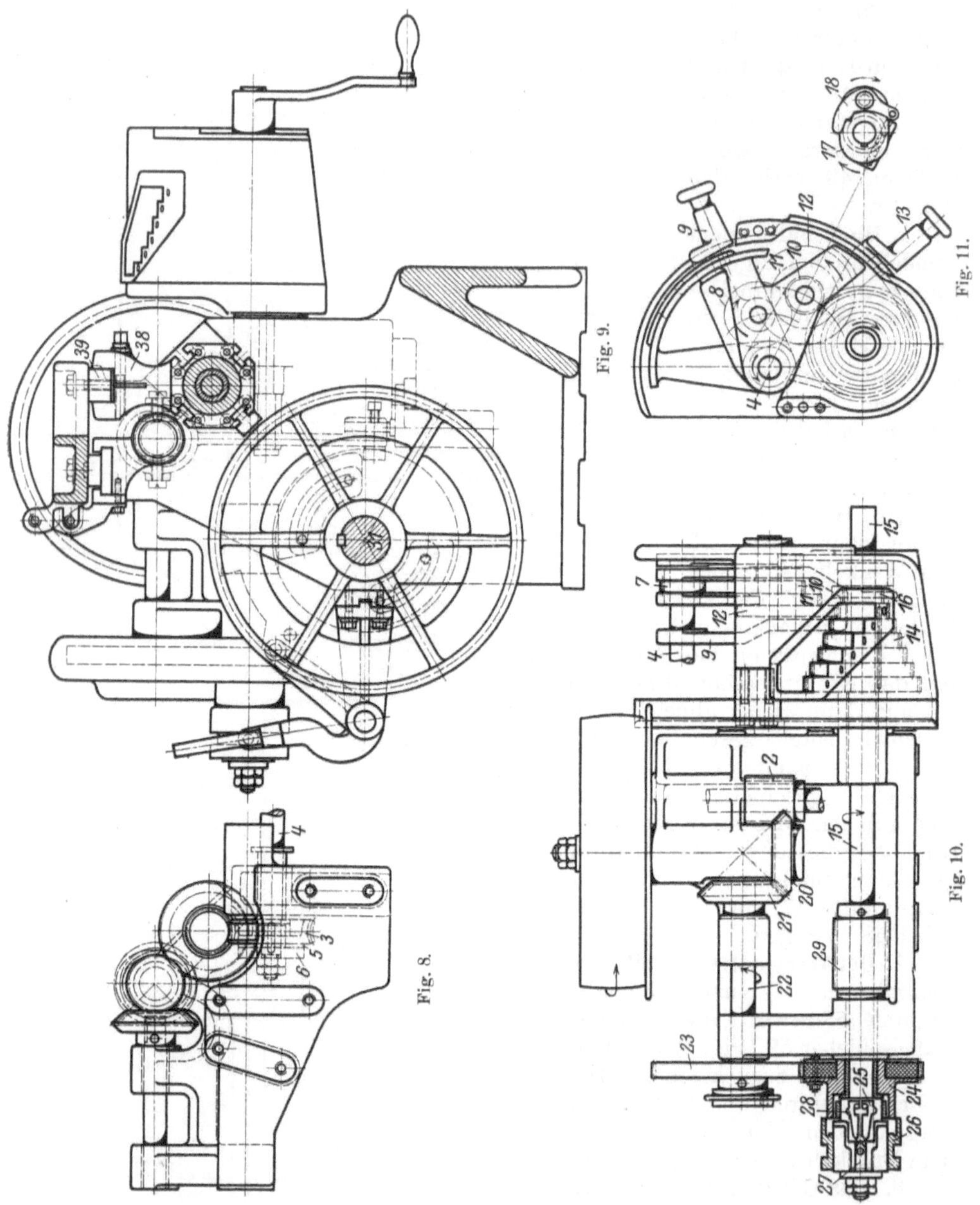

dreht. Angetrieben wird die Gewindespindel für den Vorlauf mit zwei verschiedenen Geschwindigkeiten für kleine und große Gewinde oder weichen und harten Werstoff, und zwar durch die Räder 69/66 oder 79/67 (Fig. 6).

Beim Rücklauf wird durch Räder 68/65 getrieben. Geschaltet zwischen Vor-
und Rücklauf wird durch Kupplung 71 und Hebel 72 mittels des Feder-
bolzens 73 und der am Schneckenrad 30 einstellbaren Anschläge.

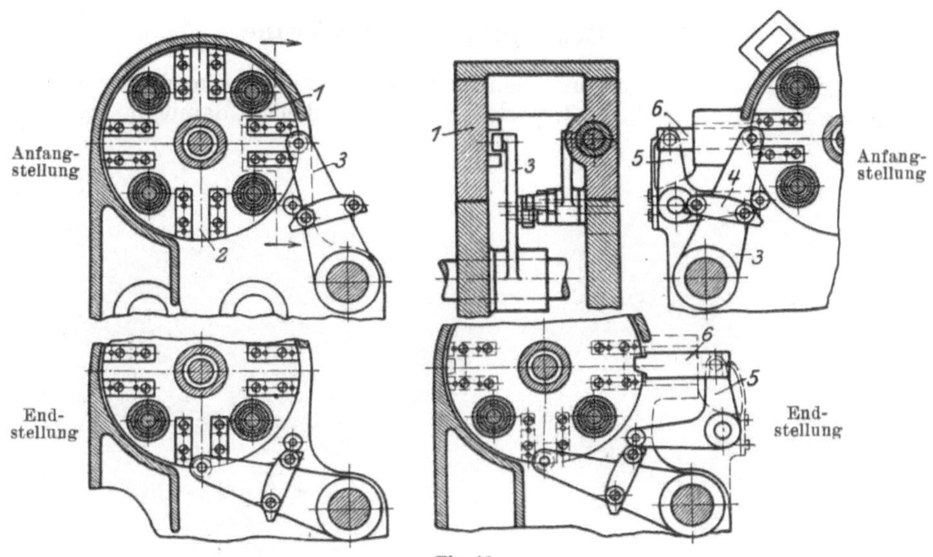

Fig. 12.

9. Die Bohrvorrichtung wird so angebaut, daß der Bohrer der vorderen
oberen Spindel gegenübersteht (Fig. 5). Von dem auf der Zentralwelle 1
sitzenden Rad 68 (Fig. 5, in Fig. 13 mit 1 bezeichnet) wird durch Rad 4
(Fig. 13) auf dem Stelleisen 5 das Rad 2 und damit die Rohrspindel 3 ange-

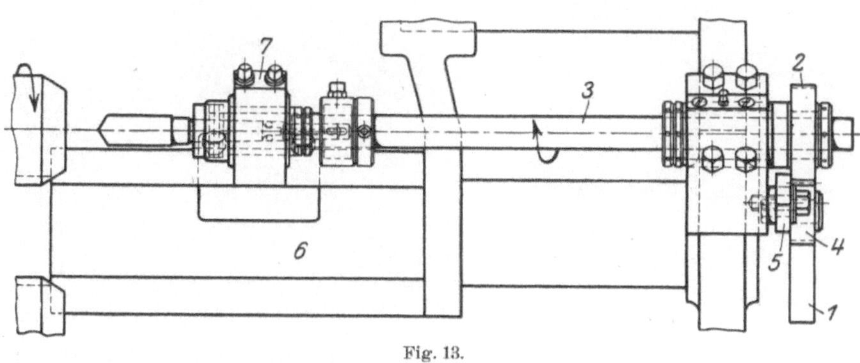

Fig. 13.

trieben. Zur Erzielung verschiedener Bohrergeschwindigkeiten können die
Zwischenräder 4 und Rad 2 ausgewechselt werden. Der Spindellagerbock 7
ist auf dem Revolverkopf befestigt, mit dem er sich vor- und zurückschiebt,
wobei Welle 3 durch Rad 2 gleitet.

10. Die Werkzeuge sind infolge der glatten prismatischen Form des Revolverkopfes sehr verschieden. In den Fig. 14 u. 15 einige Beispiele. Man ersieht, daß

die Werkzeuge für die beiden Quersupporte durch einen Untersatz erhöht und dadurch auch als Querwerkzeuge an den beiden oberen Arbeitsspindeln benutzt werden können.

II. Die Bedienung der Maschine.

1. Allgemeines. Bei dem Aufstellen muß die Maschine gut nach der Wasserwage ausgerichtet werden durch Unterkeilen mit Eisenkeilen, damit das rahmen-

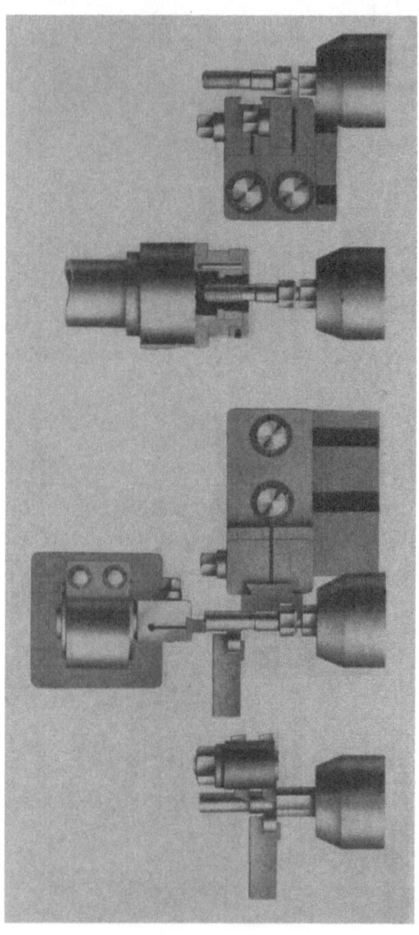

Fig 14. Fertigung eines Schraubenbolzens.

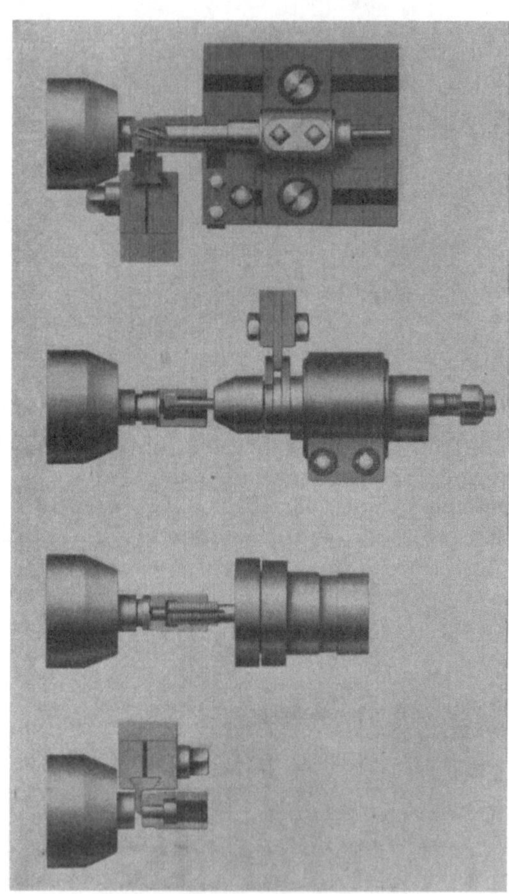

Fig. 15. Fertigung einer Gewindehülse.

artige Gestell der Maschine keine Spannungen erhält. Hierauf wird die Maschine mit Zement untergossen, wohl auch noch durch Steinschrauben mit dem Fußboden verbunden. Nach der Aufstellung muß sich die Hauptwelle mit der Spindeltrommel leicht von Hand drehen lassen.

2. Das Wechseln der Spindelgeschwindigkeiten geschieht durch die Umsteckräder in der Antriebscheibe nach nachstehenden Tabellen.

Spindelgeschwindigkeiten bei Maschine Nr. I
20 mm Werkstoffdurchmesser.

Treibendes Rad	Getriebenes Rad	Umläufe in 1 Minute		
		der Arbeitsspindeln	der Gewindespindel	
27	41	247	166	203
29	39	278	187	226
32	36	333	224	274
34	34	375	252	308
37	31	446	300	366
39	29	504	340	414
41	27	570	382	468
44	24	685	464	563
46	22	782	536	642

Spindelgeschwindigkeiten bei Maschine Nr. II
35 mm Werkstoffdurchmesser.

Treibendes Rad	Getriebenes Rad	Umläufe in 1 Minute		
		der Arbeitsspindeln	der Gewindespindel	
36	44	188	126	154
40	40	230	154	185
45	35	296	198	238
50	30	383	258	305
55	25	506	340	408
60	20	690	465	556

3. Das Wechseln des Vorschubes (Steuerwellenantrieb) erfolgt durch Einstellung der beiden Schwinghebel 9 und 13 (Fig. 11).

Vorschubgeschwindigkeiten bei Maschine Nr. I
20 mm Werkstoffdurchmesser.

Rad in Schwinge 13	Rad im Räderblock	Umlaufzahl der Steuerwelle für 1 Umdrehung der Arbeitsspindeln $n =$	Vorschub in mm für 1 Spindelumdrehung	
			des Revolverkopfes	der Querschlitten
18	28	0,0147	1,05	0,27
	34	0,0121	0,87	0,22
	40	0,0103	0,74	0,18
	46	0,009	0,65	0,16
	54	0,00765	0,55	0,14
	62	0,00665	0,48	0,12
36	28	0,00735	0,53	0,13
	34	0,00606	0,44	0,11
	40	0,00516	0,37	0,09
	46	0,0045	0,32	0,08
	54	0,0038	0,27	0,07
	62	0,0033	0,24	0,06
54	28	0,0049	0,35	0,09
	34	0,004	0,28	0,07
	40	0,0034	0,24	0,06
	46	0,003	0,21	0,05
	54	0,00255	0,18	0,045
	62	0,0022	0,16	0,04

Vorschubgeschwindigkeiten bei Maschine Nr. II
35 mm Werkstoffdurchmesser.

Rad in Schwinge 13	Rad im Räderblock	Umlaufzahl der Steuerwelle für 1 Umdrehung der Arbeitsspindeln $n =$	Vorschub in mm für 1 Spindelumdrehung	
			des Revolverkopfes	der Querschlitten
20	30	0,004	0,504	0,1
	40	0,003	0,378	0,08
	50	0,0024	0,302	0,06
	60	0,002	0,252	0,05
	70	0,0017	0,214	0,046
	80	0,0015	0,189	0,04
40	30	0,002	0,252	0,05
	40	0,0015	0,189	0,04
	50	0,0012	0,151	0,03
	60	0,001	0,126	0,027
	70	0,00085	0,107	0,023
	80	0,00075	0,0945	0,02
60	30	0,00133	0,168	0,036
	40	0,001	0,126	0,027
	50	0,0008	0,1008	0,022
	60	0,00066	0,083	0,018
	70	0,00056	0,0706	0,015
	80	0,0005	0,063	0,014

Zu vorstehender Vorschubtabelle ist zu bemerken, daß das in der ersten Spalte genannte Rad der Schwinge 13 zunächst mit dem Rad 8 der Schwinge 9 in Eingriff gebracht wird. Mit den in der zweiten Spalte genannten Rädern des Räderblocks 14 steht immer das Rad 12 der Schwinge 13 in Eingriff.

Es ergeben sich aus den Tabellen drei Stufen von je sechs Vorschüben, die sich teilweise überschneiden, wenn alle 18 Vorschübe auf eine Vorschubkurve der Trommel 32 bezogen werden. In der Regel werden jedoch drei verschiedene, auswechselbare Vorschubkurven von verschiedener Hubhöhe für drei verschiedene Weglängen des Revolverkopfes mitgeliefert. In diesem Falle gelten die drei Stufen der Vorschubtabelle für die drei verschiedenen Vorschubkurven.

III. Das Einrichten der Maschine.

A. Allgemeines.

Das Einrichten dieses Vierspindlers ist sehr einfach, die Maschine ist in der Hauptsache ein Stangen- bzw. Schraubenautomat. Ein Berechnen und Aufzeichnen von Kurven erübrigt sich, weil sich alle Werkzeuge gleichzeitig verschieben mit derselben Vorschubkurve. Man braucht also nur die entsprechende, am besten der Länge des Arbeitsstückes angepaßte der drei Vorschubkurven zu wählen und nach der Tabelle den passenden Vorschub einzustellen.

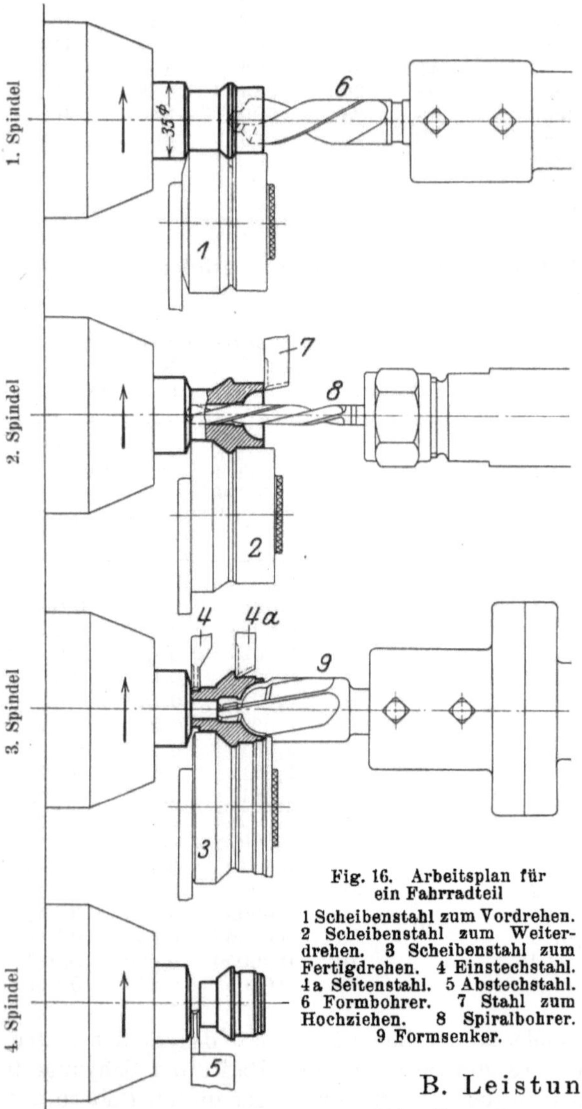

Bedingung ist jedoch, daß vorher nach einem aufgezeichneten Arbeitsplan die Werkzeuge auf die vier Arbeitsspindeln verteilt sind.

Hierbei ist zu berücksichtigen:

1. Vordere untere Spindel: Schruppen mit Revolverkopf und Querschlitten

2. vordere obere Spindel: Bohren, Schlichten

3. hintere obere Spindel: Gewindeschneiden

4. hintere untere Spindel: Abstechen und Werkstoffvorschub.

Da die Arbeitszeit sich nach dem längsten Arbeitsweg der Werkzeuge richtet, so müssen die Werkzeuge so verteilt werden, daß sie alle möglichst den gleichen Weg zurücklegen.

In den Fig. 16 u. 17 sind zwei Beispiele gezeigt.

Fig. 16. Arbeitsplan für ein Fahrradteil

1 Scheibenstahl zum Vordrehen. 2 Scheibenstahl zum Weiterdrehen. 3 Scheibenstahl zum Fertigdrehen. 4 Einstechstahl. 4a Seitenstahl. 5 Abstechstahl. 6 Formbohrer. 7 Stahl zum Hochziehen. 8 Spiralbohrer. 9 Formsenker.

B. Leistung und Arbeitszeit.

Die Berechnung der Arbeitszeit sei an der Bearbeitung des Bolzens nach Fig. 18 erläutert.

Um möglichst gleiche Zeiten für alle Werkzeuge zu erhalten, wird folgende Verteilung gewählt (Arbeitsplan Fig. 19):

1. Vordere untere Spindel: Schruppen des Gewindezapfens.

Arbeitsweg: $40 + 2$ mm Zugabe $= 42$ mm.

Vorschub: 0,21 mm je Spindelumlauf (nach Tabelle).

Arbeitszeit: $\dfrac{42 \cdot 60}{0,21 \cdot 230} = 52$ sk.

2. Vordere obere Spindel: Drehen des Schaftes und Vorstechen.

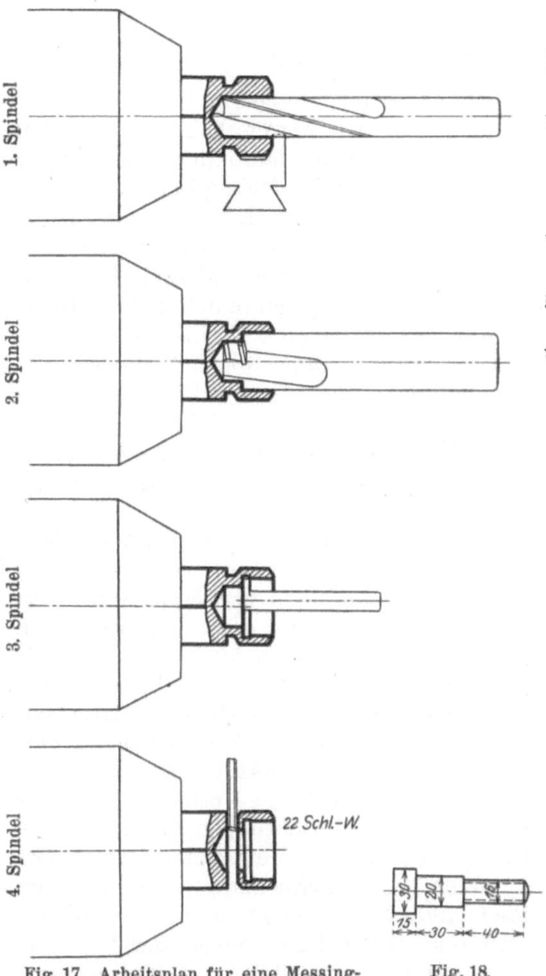

Arbeitsweg: $\dfrac{30 - 20}{2} = 5$ dazu 1 mm Zugabe $= 6$ mm.

Vorschub: 0,03 mm je Spindelumlauf (nach Tabelle).

Arbeitszeit: $\dfrac{6 \cdot 60}{0,03 \cdot 230} = 52$ sk.

3. Hintere obere Spindel: Gewindeschneiden.

Arbeitsweg: $40 + 2$ mm Zugabe $= 42$ mm.

Vorschub: 1 mm je Spindelumlauf.

Arbeitszeit: $\dfrac{42 \cdot 60}{1 \cdot 230} = 11$ sk.

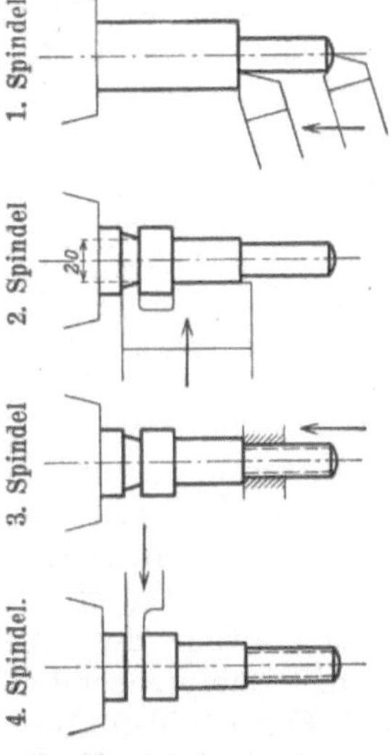

Fig. 17. Arbeitsplan für eine Messing-überwurfmutter von Sechskantstange.

Fig. 18. Schraubenbolzen.

Fig. 19. Arbeitsplan für den Bolzen Fig. 18.

4. Hintere untere Spindel: Abstechen.

Arbeitsweg: $20 : 2 = 10$ dazu 1 mm Zugabe $= 11$ mm.

Vorschub: 0,06 mm je Spindelumlauf (nach Tabelle).

Arbeitszeit: $\dfrac{11 \cdot 60}{0,06 \cdot 230} = 48$ sk.

Schnittgeschwindigkeit: Etwa 25 m/min, demgemäß Umlaufzahl der Arbeitsspindeln (nach Tabelle) $= 230$.

Die längste Arbeitszeit beträgt für die erste und zweite Spindel und damit für das ganze Arbeitsstück 52 sk. $+$ 3 sk. für Schaltung und Werkstoffvorschub im ganzen $= 55$ sk.

Schnittgeschwindigkeiten und Vorschübe.

Von Ingenieur Albert Kreil.

I. Allgemeine Bemerkungen.

Die nachstehenden Tabellen über Schnittgeschwindigkeiten und Vorschübe für verschiedene Arten von Werkzeugen, die bei den gewöhnlich verarbeiteten Werkstoffen auf Automaten angewandt werden, sind aus langjähriger Erfahrung im Automatenbetrieb zusammengestellt; sie gelten für die Mehrspindelautomaten dieses Heftes ebenso wie für die Einspindelautomaten der Hefte 21 und 23.

Es ist natürlich nicht immer möglich, wo eine ganze Reihe von Werkzeugen nacheinander auf einem Automaten arbeitet, die Schnittgeschwindigkeit für jedes einzelne Werkzeug grundsätzlich genau richtig zu wählen; denn man hat in der Regel nur zwei Geschwindigkeiten zur Verfügung: eine für Drehen und eine für Gewindeschneiden. Ein Ausgleich ist daher oft notwendig, und man wähle dann die Schnittgeschwindigkeiten so, daß sie möglichst nahe an die angegebenen Werte fallen.

Die Schnittgeschwindigkeit ist von der Härte bzw. der Festigkeit und Zähigkeit des zu bearbeitenden Werkstoffs, vom Werkstoff und der Schneide des Werkzeuges und seiner Härtung, ferner vom Vorschub, der Schnittiefe und der Kühlung während des Arbeitens abhängig.

Über die Festigkeit des zu verarbeitenden Werkstoffs hat man meist Angaben von dem betreffenden Lieferanten. Auf bloße Bezeichnungen wie Schraubenweicheisen und -weichstahl darf man sich aber nicht allein verlassen, wenn man beim Verarbeiten keine Enttäuschungen erleben will; denn diese Begriffe gehen bei manchen Lieferanten sehr weit auseinander. Aber wenn auch die Festigkeit des betreffenden Werkstoffs, die für die Wahl der Schnittgeschwindigkeit meist maßgebend ist, bekannt ist, so ist damit noch nicht gesagt, daß er sich einwandfrei verarbeiten läßt und daß das Produkt den gestellten Anforderungen entspricht. Mitunter sind die Eigenschaften so verschieden, daß es von Vorteil ist, vorher den Werkstoff unmittelbar auf seine Verarbeitbarkeit zu prüfen. Dazu hat heute fast jeder neuzeitlich eingerichtete Betrieb seine Einrichtungen, mit denen er in der Lage ist, die richtige Schnittgeschwindigkeit von vornherein genau festzulegen.

Für den Stahl des Werkzeuges wähle man Schnellstahl, sofern beim Arbeiten die entsprechende Schnittgeschwindigkeit erreicht wird. Das ist bei Dreh- und Formstählen, Gewindebohrern und Schneideisen meist der Fall; bei Bohrern, Senkern und Reibahlen jedoch oft nicht, so daß man hierfür dann Werkzeugstahl verwenden kann. Es wäre ja auch zwecklos, ein teures Werkzeug aus hochwertigem Stahl dort zu verwenden, wo es nicht genügend ausgenutzt werden kann und ein billigeres dasselbe leistet.

Auf reichliche Zufuhr von Kühlflüssigkeit kann nicht genug geachtet werden; denn bei ungenügender Kühlung erwärmt sich die Werkzeugschneide zu sehr, verliert ihre Härte und wird vorzeitig stumpf. In diesem Punkt wird heute noch viel gesündigt, besonders dort, wo Maschinen älteren Ursprungs im Gebrauch und die Meister und Einrichter nicht mit der Zeit fortgeschritten sind. In der Regel halten Werkzeuge, die einer stärkeren Beanspruchung ausgesetzt sind, wie z. B. Schruppstähle, Spiralbohrer, Formstähle 1 Tag, Abstechstähle $1\frac{1}{2} \div 2$ Tage. Stehen sie länger, so geht das auf Kosten der Stundenleistung. Bei sachgemäßer Anwendung ergeben die in nachstehenden Tabellen angeführten Werte befriedigende Resultate.

II. Langdrehen.

Die Schnittgeschwindigkeiten in Tabelle 1 sind für verschiedene Werkstoffdurchmesser gestaffelt, da man allgemein schwächeren Werkstoff mit etwas größerer Schnittgeschwindigkeit bearbeitet als stärkeren.

Tabelle 1. Schnittgeschwindigkeiten für Drehen mit Schnellstahl.

| Werkstoff Ø | Schnittgeschwindigkeit in m/min für | | | | | | Messing | Werkzeugstahl geglüht | Aluminium |
| | Eisen und Stahl bei einer Zugfestigkeit von kg/mm² | | | | | | | | |
mm	35	40	45	50	60	70			
3	40	40	35	30	25	22	90	18	100
6	40	40	35	30	25	22	90	18	100
10	40	40	35	30	25	22	90	16	100
15	40	40	35	30	25	22	80	16	90
20	40	36	35	25	22	22	80	14	90
30	40	36	30	25	22	18	70	14	80
40	40	36	30	25	20	18	70	12	80
60	40	36	30	25	20	18	60	12	70

Tabelle 2. Vorschübe für Drehen mit Schwingstahlhalter und Halter mit Leitlineal.

| Werkstoff Ø | Vorschub in mm/Uml. für | | | | | | | | | | | |
| | Messing bei einer Spanbreite in mm von | | | | Eisen und Stahl bei einer Spanbreite in mm von | | | | Werkzeugstahl bei einer Spanbreite in mm von | | | |
mm	0,75	1,5	3	5	0,75	1,5	3	5	0,75	1,5	3	5
1,5	0,025				0,02				0,013			
3	0,038				0,025				0,02			
5	0,05	0,045			0,038	0,05			0,025	0,02		
8	0,085	0,076			0,063	0,056			0,046	0,033		
10	0,1	0,085	0,05		0,075	0,063	0,04		0,05	0,04	0,025	
13		0,12	0,08	0,05		0,075	0,05	0,03		0,05	0,016	0,02
16		0,15	0,1	0,07		0,09	0,07	0,04		0,07	0,056	0,03
19			0,16	0,1			0,08	0,05			0,065	0,04
22				0,12				0,065				0,05

Tabelle 3. Vorschübe für Drehen mit Schruppstahlhalter mit Gegenführung (Kastenwerkzeug).

| Werkstoff Ø | Vorschub in mm/Uml. für | | | | | | | | | | | | | | |
| | Messing bei einer Spanbreite in mm von | | | | | Eisen und Stahl bei einer Spanbreite in mm von | | | | | Werkzeugstahl bei einer Spanbreite in mm von | | | | |
mm	0,75	1,5	3	6	10	0,75	1,5	3	6	10	0,75	1,5	3	6	10
3	0,076					0,05					0,03				
5	0,1	0,09				0,08	0,07				0,04	0,04			
8	0,13	0,10				0,10	0,09				0,06	0,05			
10	0,15	0,13	0,10			0,13	0,11	0,09			0,08	0,06	0,05		
13	0,2	0,16	0,15			0,15	0,12	0,10			0,09	0,08	0,07	0,05	
16	0,22	0,175	0,165			0,16	0,13	0,11			0,10	0,09	0,08	0,06	
19	0,25	0,19	0,18	0,13		0,18	0,14	0,12	0,10		0,11	0,10	0,09	0,07	
22	0,26	0,20	0,19	0,14		0,19	0,15	0,13	0,11		0,12	0,11	0,10	0,08	
25	0,28	0,22	0,20	0,15		0,20	0,17	0,15	0,13		0,13	0,12	0,11	0,10	
32	0,30	0,25	0,23	0,18	0,18	0,21	0,19	0,16	0,14	0,13	0,15	0,14	0,13	0,11	0,10
38	0,32	0,30	0,25	0,20	0,20	0,23	0,20	0,17	0,15	0,14	0,17	0,15	0,14	0,12	0,11
45	0,35	0,32	0,26	0,21	0,21	0,24	0,22	0,18	0,16	0,15	0,19	0,17	0,15	0,13	0,12
50	0,38	0,32	0,28	0,23	0,23	0,25	0,24	0,20	0,18	0,16	0,20	0,18	0,16	0,14	0,13
60		0,35	0,29	0,24	0,24		0,26	0,21	0,19	0,17		0,19	0,17	0,16	0,14
75		0,35	0,31	0,26	0,25		0,26	0,22	0,20	0,19		0,19	0,18	0,17	0,15
90			0,26	0,25				0,23	0,21	0,20				0,17	0,16
115				0,25						0,20					0,16

Bei Hohlfräsern oder mehrschneidigen Messerköpfen, bei denen sich die Schrupparbeit auf drei und mehr Schneiden verteilt, wende man Vorschübe nach Tabelle 5 an.

Tabelle 4. Vorschübe für Drehen mit Schlichtstahlhalter mit Gegenführung.

Schlicht Ø mm	zweckmäßige abzunehmende Spandicke[1]) mm	Messing	Eisen und Stahl	Werkzeugstahl
		Vorschub in mm/Uml. für		
0,75	0,03	0,05	0,05	0,04
1,5	0,04	0,075	0,075	0,05
3	0,05	0,11	0,11	0,06
5	0,06	0,15	0,14	0,08
8	0,11	0,20	0,18	0,10
10	0,15	0,22	0,20	0,10
13	0,15	0,24	0,22	0,12
16	0,15	0,26	0,26	0,12
19	0,15	0,28	0,28	0,15
22	0,16	0,30	0,30	0,18
25	0,16	0,32	0,30	0,20
35	0,18	0,34	0,32	0,20
50	0,2	0,36	0,32	0,20

Tabelle 5. Vorschübe für Hohlfräser und ähnliche Werkzeuge.

Werkstoff Ø mm	Messing bei einer Spanbreite in mm von					Eisen und Stahl bei einer Spanbreite in mm von					Werkzeugstahl bei einer Spanbreite in mm von				
	0,75	1,5	3	6	10	0,75	1,5	3	6	10	0,75	1,5	3	6	10
3	0,1					0,07					0,04				
5	0,15					0,10	0,08				0,05	0,04			
8	0,19	0,12				0,13	0,10				0,06	0,05			
10	0,24	0,16				0,16	0,13	0,13			0,08	0,06	0,05		
13	0,28	0,20	0,15			0,20	0,15	0,15			0,10	0,08	0,06		
16	0,30	0,22	0,17			0,22	0,17	0,17			0,12	0,10	0,08	0,06	
19	0,32	0,25	0,19	0,14		0,23	0,19	0,18	0,13		0,14	0,12	0,10	0,08	
22	0,34	0,28	0,21	0,17		0,24	0,21	0,19	0,15		0,16	0,14	0,12	0,09	0,08
25	0,36	0,30	0,24	0,20		0,25	0,23	0,20	0,17		0,18	0,16	0,14	0,10	0,09
32	0,38	0,32	0,26	0,22	0,20	0,27	0,25	0,21	0,18	0,16	0,20	0,18	0,16	0,11	0,10
38		0,34	0,28	0,24	0,22	0,30	0,26	0,22	0,19	0,17		0,20	0,18	0,12	0,11
45		0,35	0,30	0,26	0,24	0,31	0,27	0,23	0,20	0,18		0,22	0,20	0,13	0,12
50			0,32	0,28	0,26	0,32	0,28	0,24	0,21	0,19			0,20	0,14	0,13
60				0,30	0,28	0,33	0,29	0,25	0,22	0,20				0,15	0,14
75					0,30		0,30	0,26	0,23	0,21					0,15

III. Formen.

Tabelle 6. Schnittgeschwindigkeiten für Formstähle.

Formstahl aus	Messing	SchraubenWeicheisen	Maschinenstahl	Werkzeugstahl
	Schnittgeschwindigkeit in m/min für			
Werkzeugstahl . . .	52÷60	22÷28	16÷22	9÷12
Schnelldrehstahl . .	65÷90	30÷38	24÷30	12÷18

[1]) Dieser Betrag doppelt genommen, ergibt das Übermaß für den Durchmesser vor dem Schlichten.

Tabelle 7. Vorschübe für Formstähle.

Breite des Formstahles mm	Vorschub in mm/Uml. bei einem kleinsten Durchmesser des zu formenden Teiles in mm von												
	2	3	4	5	6	7	8	10	13	16	20	22	35
1,5	0,019	0,02	0,023	0,025	0,03	0,03	0,03	0,03	0,03	0,03	0,03	0,03	0,03
2	0,017	0,02	0,023	0,025	0,025	0,032	0,035	0,035	0,043	0,048	0,05	0,053	0,055
3	0,014	0,017	0,02	0,025	0,023	0,03	0,035	0,04	0,05	0,058	0,063	0,063	0,063
5	0,01	0,017	0,02	0,023	0,023	0,028	0,038	0,04	0,045	0,048	0,053	0,055	0,058
6		0,013	0,017	0,023	0,023	0,028	0,032	0,038	0,043	0,045	0,05	0,053	0,056
8		0,01	0,017	0,023	0,023	0,025	0,03	0,038	0,04	0,043	0,045	0,05	0,056
10			0,013	0,02	0,02	0,025	0,028	0,032	0,038	0,04	0,012	0,045	0,05
13			0,008	0,015	0,02	0,023	0,023	0,025	0,028	0,033	0,038	0,04	0,042
16				0,01	0,013	0,023	0,023	0,023	0,025	0,03	0,035	0,038	0,04
19					0,008	0,02	0,02	0,023	0,023	0,028	0,032	0,035	0,038
22						0,012	0,015	0,02	0,023	0,025	0,03	0,032	0,035
25						0,008	0,013	0,02	0,02	0,023	0,025	0,03	0,032
35											0,02	0,025	0,028
50											0,018	0,02	0,025

IV. Abstechen.

Für Abstechstähle wende man die Vorschübe nach Tabelle 8 an. Es ist zweckmäßig, den Vorschub vor dem Abfallen des Werkstückes zu verringern, damit der stehengebliebene Putzen bei vollen Werkstücken bzw. der Grat bei durchbohrten so klein wie möglich ausfällt. Nach dem Abfallen des Werkstückes bis zum fertigen Abdrehen des Stangenendes kann der Vorschub wieder vergrößert werden.

Tabelle 8. Vorschübe für Abstechstähle.

Werkstoff Ø mm	Vorschub in mm/Uml. für														
	Messing bei einer Stahlbreite in mm von					Eisen und Maschinenstahl bei einer Stahlbreite in mm von					Werkzeugstahl bei einer Stahlbreite in mm von				
	2	3	4	6	8	2	3	4	6	8	2	3	4	6	8
3	0,04					0,025					0,02				
6	0,05					0,03					0,025				
10		0,06					0,035					0,03			
20		0,08	0,07				0,04	0,05				0,035	0,04		
30			0,10					0,06					0,05		
50				0,12					0,08					0,06	
75				0,14					0,1					0,07	
100					0,16					0,12					0,08

V. Zentrieren.

Wenn Löcher auf Automaten gebohrt werden, die kleiner als 5 mm im Durchmesser sind, so ist es ratsam, besonders, wenn das Loch durch das Werkstück hindurchgeht, einen Zentrierbohrer zu gebrauchen. In der Zentrierendstellung lasse man den Bohrer einige Umläufe lang stehen.

Tabelle 9. Vorschübe für Zentrierbohrer.

Zentrierbohrer Ø mm	Vorschub in mm/Uml. für		
	Messing	Eisen und Maschinenstahl	Werkzeugstahl
6	0,1	0,08	0,05
8	0,1	0,1	0,08
10	0,13	0,12	0,1
13	0,14	0,13	0,12
20	0,15	0,13	0,12
25	0,16	0,13	0,13

VI. Bohren.

Wenn auf Automaten gebohrt wird, erreicht man allgemein die besten Resultate bei Anwendung von leichten Vorschüben und hohen Schnittgeschwindigkeiten.

Schnellstahlbohrer verwende man für Eisen von höherer Festigkeit, für Maschinen- und Werkzeugstahl. Dagegen gewöhnliche Werkzeugstahlbohrer für Messing und ähnliche Werkstoffe, wenn die nachstehenden Schnittgeschwindigkeiten für den Bohrer nicht erreicht werden.

Tabelle 10. Schnittgeschwindigkeiten für Spiralbohrer.

Bohrer aus	Schnittgeschwindigkeit in m/min für			
	Messing	Schrauben-weicheisen	Maschinenstahl	Werkzeugstahl
Werkzeugstahl . . .	48÷54	18÷21	15÷18	9÷12
Schnelldrehstahl . .		30÷38	24÷30	15÷18

Die Vorschübe in der nachstehenden Tabelle 11 gelten für allgemeine Arbeiten und können von Fall zu Fall noch etwas erhöht werden. Für die Praxis ist es jedoch ratsamer, leichtere Vorschübe zu verwenden, da ein konzentrisches Loch nur dann erzielt werden kann, wenn der Bohrer nicht überanstrengt ist. Bohrt man tiefer als der Bohrerdurchmesser, so ziehe man jeweils den Bohrer zum Kühlen und Fortspülen der Späne zurück.

Tabelle 11. Vorschübe für Spiralbohrer.

Werkstoff	Vorschub in mm/Uml. bei einem Bohrerdurchmesser in mm von												
	0,75	1	1,25	1,50	2	2,5	3	4	5	6	7	8	9
Messing . . .	0,018	0,02	0,03	0,046	0,064	0,07	0,08	0,10	0,11	0,13	0,14	0,15	0,15
Maschinenstahl	0,015	0,018	0,025	0,038	0,95	0,058	0,07	0,08	0,1	0,12	0,13	0,14	0,14
Werkzeugstahl .	0,013	0,015	0,020	0,025	0,028	0,038	0,05	0,06	0,08	0,10	0,10	0,11	0,11

Werkstoff	Vorschub in mm/Uml. bei einem Bohrerdurchmesser in mm von												
	10	12	15	18	20	22	25	28	32	35	38	42	45	50
Messing . . .	0,16	0,18	0,19	0,21	0,23	0,24	0,25	0,30	0,31	0,33	0,36	0.40	0,43	0,46
Maschinenstahl	0,15	0,17	0,19	0,20	0,21	0,22	0,22	0,22	0,24	0,25	0,28	0,30	0,33	0,36
Werkzeugstahl .	0,12	0,14	0,15	0,16	0,17	0,18	0,18	0,19	0,19	0,20	0,21	0,23	0,25	0,27

VII. Senken.

In der Regel hat man mit Senkern auf Automaten mehr Mühe als mit jedem anderen Schneidwerkzeug. Das ist der Tatsache zuzuschreiben, daß Senker meistens nicht richtig für das Werkstück, an dem sie arbeiten sollen, konstruiert sind.

Die Schnittgeschwindigkeit, mit der ein Senker arbeiten kann, ist unbedeutend niedriger als diejenige für Spiralbohrer.

Tabelle 12. Schnittgeschwindigkeiten für Senker.

Senker aus	Schnittgeschwindigkeit in m/min für			
	Messing	Schrauben-weicheisen	Maschinenstahl	Werkzeugstahl
Werkzeugstahl . . .	45÷48	15÷18	12÷15	9÷10,5
Schnelldrehstahl . .	54÷60	24÷27	21÷24	13÷15

Der zu verarbeitende Werkstoff und die Tiefe, bis zu welcher der Senker in das Werkstück hineintritt, haben auch einen erheblichen Einfluß auf die Größe des Vorschubs, was man bei Anwendung der Tabelle 13 mit in Erwägung ziehen soll. Die angegebenen Vorschübe sind für Senker mit drei Schneidzähnen; bei nur einem Schneidzahn vermindere man die angegebenen Werte um $40 \div 50\%$ und bei zwei Schneidzähnen um $15 \div 20\%$.

Tritt der Senker ferner tiefer als $^1/_2 \div ^3/_4$ seines Durchmessers in das Werkstück ein, so verringere man die Vorschübe um $15 \div 20\%$. Es hat sich auch gut bewährt, jeweils den Senker zurückzuziehen, nachdem er bis zu einer Tiefe seines halben Durchmessers eingetreten ist, um die Späne wegzuschaffen und ihn zu kühlen und zu schmieren

Tabelle 13. Vorschübe für Senker.

Senker ⌀ mm	Messing bei einer Spanbreite in mm von						Maschinenstahl bei einer Spanbreite in mm von						Werkzeugstahl bei einer Spanbreite in mm von					
	0,75	1,5	2,25	3	5	6,5	0,75	1,5	2,25	3	5	6,5	0,75	1,5	2,25	3	5	6,5
3	0,064						0,05						0,04					
5	0,076						0,06						0,05					
8	0,12	0,09					0,10	0,08					0,08	0,06				
10	0,13	0,10	0,10				0,12	0,09	0,08				0,09	0,07	0,05			
13	0,19	0,13	0,13	0,12			0,13	0,10	0,10	0,11			0,10	0,09	0,08	0,06		
16	0,22	0,15	0,15	0,14	0,12		0,15	0,13	0,13	0,12	0,10		0,12	0,10	0,10	0,08	0,07	
19	0,25	0,19	0,19	0,15	0,14	0,11	0,18	0,15	0,15	0,14	0,11	0,08	0,13	0,12	0,13	0,10	0,08	0,06
22	0,27	0,20	0,19	0,18	0,17	0,12	0,19	0,17	0,16	0,15	0,12	0,10	0,15	0,14	0,13	0,13	0,10	0,08
25	0,28	0,22	0,21	0,20	0,18	0,13	0,20	0,18	0,17	0,16	0,13	0,11	0,16	0,15	0,14	0,13	0,11	0,09
32	0,30	0,25	0,24	0,23	0,20	0,16	0,21	0,19	0,18	0,17	0,14	0,12	0,17	0,16	0,15	0,14	0,12	0,10
38	0,35	0,30	0,27	0,25	0,23	0,20	0,23	0,20	0,19	0,18	0,15	0,13	0,19	0,17	0,16	0,15	0,13	0,11
45	0,35	0,30	0,28	0,26	0,24	0,21	0,24	0,21	0,20	0,19	0,16	0,14	0,20	0,18	0,17	0,16	0,14	0,12
50	0,38	0,35	0,30	0,26	0,25	0,23	0,25	5,23	0,21	0,20	0,18	0,15	0,20	0,19	0,18	0,16	0,15	0,13

VIII. Reiben.

Beim Reiben auf Automaten wählt man den Vorschub kleiner, als es z. B. bei Bohrmaschinen üblich ist. Grund dafür ist auch die größere Schnittgeschwindigkeit beim Reiben auf Automaten, die wieder dadurch unumgänglich ist, daß der Automat die kleine Geschwindigkeit nicht zur Verfügung hat. Jedoch wird die Schnittgeschwindigkeit möglichst kleiner gewählt als die für Senker, weil die Reibahlen allgemein tiefer in das Werkstück gehen und mehr Schneidlippen in Berührung mit dem Werkstück kommen. Bei Verwendung von gutem Schmieröl arbeiten die Schnittgeschwindigkeiten der Tabelle 14 zufriedenstellend.

Tabelle 14. Schnittgeschwindigkeiten für Reibahlen.

Reibahle aus	Schnittgeschwindigkeit in m/min für			
	Messing	Schraubenweicheisen	Maschinenstahl	Werkzeugstahl
Werkzeugstahl . . .	$35 \div 38$	$10 \div 12$	$8 \div 10$	$6 \div 8$
Schnelldrehstahl . .	$42 \div 48$	$18 \div 22$	$15 \div 18$	$9 \div 12$

Die Vorschübe in Tabelle 15 sind geeignet, wenn die abgehobene Spandicke den angegebenen Wert nicht überschreitet.

Wenn dünnwandige Buchsen gerieben werden, so vermindere man, besonders bei Messing, den Vorschub etwas.

Tabelle 15. Vorschübe für Reibahlen.

Werkstoff	Vorschub in mm/Uml. bei einem Reibahlendurchmesser in mm von														
	3	5	8	10	13	16	20	22	25	32	38	45	50	60	75
Messing	0,18	0,20	0,25	0,28	0,33	0,38	0,46	0,51	0,56	0,62	0,68	0,72	0,75	0,85	0,95
Maschinenstahl . . .	0,10	0,10	0,15	0,18	0,23	0,28	0,36	0,38	0,41	0,46	0,51	0,56	0,60	0,68	0,80
Werkzeugstahl	0,05	0,08	0,12	0,15	0,20	0,25	0,30	0,30	0,34	0,38	0,42	0,46	0,50	0,55	0,60
Zweckmäßig abzunehmende Spandicke[1] mm	0,125	0,125	0,15	0,15	0,2	0,2	0,2	0,2	0,25	0,25	0,25	0,25	0,30	0,30	0,35

IX. Gewindeschneiden.

Allgemein kann ein Schneideisen mit höherer Schnittgeschwindigkeit arbeiten als ein Gewindebohrer, weil es härter gelassen und leichter mit Öl versorgt werden kann als der Bohrer.

Tabelle 16. Schnittgeschwindigkeiten für Schneideisen.

Gewinde Ø mm	Schnittgeschwindigkeit in m/min							
	Schneideisen aus Werkzeugstahl				Schneideisen aus Schnellstahl			
	Messing	Eisen	Maschinen-stahl	Werkzeug-stahl	Messing	Eisen	Maschinen-stahl	Werkzeug-stahl
3	30	9	7	5	40	12	9	7
6	28	9	7	5	38	12	9	7
10	27	8	6	4,5	36	10,5	8	6
18	25	8	6	4,5	34	10,5	8	6
25	24	7	5	3,5	32	9	7	5
32	22	7	5	3,5	30	9	7	5
40	20	7	5	3,5	27	9	7	5
50	19	6	4,5	3	25	7,5	6	4

Tabelle 17. Schnittgeschwindigkeiten für Gewindebohrer.

Gewinde Ø mm	Schnittgeschwindigkeit in m/min							
	Gewindebohrer aus Werkzeugstahl				Gewindebohrer aus Schnellstahl			
	Messing	Eisen	Maschinen-stahl	Werkzeug-stahl	Messing	Eisen	Maschinen-stahl	Werkzeug-stahl
3	24	7	5,5	4	32	9,5	7	5,5
6	22	7	5,5	4	30	9,5	7	5,5
10	21	6,5	4,5	3,5	29	8,5	6,5	5
18	20	6,5	4,5	3,5	27	8,5	6,5	5
25	19	5,5	4	3	26	7	5,5	4
32	18	5,5	4	3	24	7	5,5	4
40	16	5,5	4	3	22	7	5,5	4
50	15	4,5	3,5	2,5	20	6	5	3,5

X. Kordeln.

a) Quer zur Achse.

Allgemein kann ein Kordelrad mit derselben Geschwindigkeit wie ein Form- oder Abstechstahl arbeiten. Es ist dabei zu beachten, daß man beim Berühren des

---

[1] Dieser Betrag, doppelt genommen, ergibt das Untermaß des Loches vor dem Reiben.

Rädchens mit dem Werkstück etwas wartet und dann gegen die Werkstückachse mit dem entsprechenden Vorschub weiter zuschiebt. Das Rädchen soll also für eine gewisse Anzahl Umläufe verweilen, die von seiner Teilung und dem verarbeiteten Werkstoff abhängen.

Der Vorschub ist abhängig von dem zu kordelnden Werkstoff, dem Durchmesser, der Breite und der Teilung. Der sicherste und praktischste Weg, den Vorschub zu finden, ist der Versuch. Die Ergebnisse solcher Versuche sind in den Tabellen 18 und 20 enthalten.

Tabelle 18. Vorschübe für Kordeln quer zur Achse.

Werkstoff Ø mm	Vorschub in mm/Uml. bei einer Breite der Kordierung in mm von							
	1,5	3	5	8	10	13	16	20
1,5	0,025	0,013						
3	0,036	0,023	0,013					
5	0,046	0,03	0,025	0,015				
8	0,065	0,05	0,045	0,025	0,015			
10	0,075	0,065	0,055	0,04	0,025	0,015		
13	0,10	0,08	0,075	0,055	0,05	0,02	0,015	
16	0,12	0,10	0,09	0,08	0,07	0,04	0,02	0,015
20	0,15	0,13	0,12	0,10	0,09	0,06	0,04	0,025
25	0,18	0,16	0,15	0,13	0,11	0,09	0,06	0,04

Der Weg, den das Rädchen vorgeschoben werden muß, hängt von seiner Zahntiefe ab, die wieder von der Teilung und dem Zahnwinkel abhängig ist. In der Tabelle 19 sind die Zahntiefen für verschiedene Teilungen und Zahnwinkel errechnet.

Tabelle 19. Zahntiefen der Kordelrädchen.

Teilung des Kordelrades mm	Zahntiefe in mm bei einem Winkel von			
	90°	80°	70°	60°
1,5	0,75	0,9	1,07	1,29
1,4	0,7	0,83	1,00	1,21
1,25	0,63	0,75	0,90	1,08
1,15	0,58	0,69	0,83	1,00
1	0,5	0,6	0,72	0,86
0,9	0,45	0,53	0,64	0,78
0,75	0,38	0,45	0,54	0,65
0,6	0,3	0,36	0,43	0,52
0,5	0,25	0,3	0,36	0,43

Die folgenden Zahnwinkel haben sich gut bewährt:

Messing und Hartkupfer: $\angle$ 90° Maschinenstahl: $\angle$ 70°

Schraubenweicheisen: $\angle$ 80° Werkzeugstahl: $\angle$ 60°

b) Längs zur Achse.

Gewöhnlich werden bei Kordelungen längs zur Achse zwei Rädchen verwendet, und zwar kann bei gerader und schräger Kordelung mit einem größeren Vorschub gearbeitet werden als bei Kreuzkordelung, weil im ersteren Falle beide Rädchen in derselben Zahnlücke arbeiten, hingegen bei Kreuzkordelung unabhängig voneinander. Die Vorschübe der Tabelle 20 sind für Schräg- und Kreuzkordelung zu verwenden. Die Vorschübe, die für das Zurückziehen der Rädchen vom Werkstück gebraucht werden, sind wie folgt: für Messing, Schraubeneisen und Maschinenstahl das Doppelte der nachstehenden Vorschübe, für Werkzeugstahl das Dreifache.

Tabelle 20. Vorschübe für Kordeln längs zur Achse.

Werkstoff	Vorschub in mm/Uml. bei einer Teilung des Kordelrädchens in mm von								
	1,5	1,4	1,25	1,15	1	0,9	0,75	0,6	0,5
Messing	0,25	0,27	0,28	0,29	0,31	0,32	0,37	0,42	0,46
Schraubeneisen	0,2	0,21	0,22	0,23	0,25	0,26	0,30	0,33	0,37
Maschinenstahl	0,15	0,16	0,17	0,18	0,18	0,19	0,21	0,23	0,25
Werkzeugstahl	0,10	0,11	0,12	0,12	0,13	0,13	0,14	0,15	0,16

Zeitsparende Vorrichtungen im Maschinen- und Apparatebau. Von **O. M. Müller,** Beratender Ingenieur, Berlin. Mit 987 Abbildungen. VIII, 357 Seiten. 1926. Gebunden RM 27.90

Vorrichtungen im Maschinenbau nebst Anwendungsbeispielen. Von Betriebsingenieur **Otto Lich,** Berlin. Mit 601 Abbildungen im Text und 35 Tabellen. VIII, 507 Seiten. 1921. Gebunden RM 18.—

Die Gewinde, ihre Entwicklung, ihre Messung und ihre Toleranzen. Im Auftrage von Ludw. Loewe & Co. A.-G., Berlin, bearbeitet von Prof. Dr. **G. Berndt,** Dresden. Mit 395 Abbildungen im Text und 287 Tabellen. XVI, 657 Seiten. 1925.
Gebunden RM 36.—
Erster Nachtrag. Mit 102 Abbildungen im Text und 79 Tabellen. X, 180 Seiten. 1926. Gebunden RM 15.75

Die Dreherei und ihre Werkzeuge. Handbuch für Werkstatt, Büro und Schule. Von Betriebsdirektor **Willy Hippler.** Dritte, umgearbeitete und erweiterte Auflage. Erster Teil: Wirtschaftliche Ausnutzung der Drehbank. Mit 136 Abbildungen im Text und auf zwei Tafeln. VII, 259 Seiten. 1923.
Gebunden RM 13.50

Über Dreharbeit und Werkzeugstähle. Autorisierte deutsche Ausgabe der Schrift: „On the art of cutting metals" von **Fred. W. Taylor,** Philadelphia. Von Prof. **A. Wallichs,** Aachen. Vierter, unveränderter Abdruck. 5. und 6. Tausend. Mit 119 Figuren und Tabellen. XII, 231 Seiten. 1920. Gebunden RM 8.40

Der Dreher als Rechner. Wechselräder-, Touren-, Zeit- und Konusberechnung in einfachster und anschaulichster Darstellung, darum zum Selbstunterricht wirklich geeignet. Von **E. Busch.** Mit 28 Textfiguren. VIII, 186 Seiten. 1919.
Gebunden RM 6.—

Der Fräser als Rechner. Berechnungen an den Universal-Fräsmaschinen und -Teilköpfen in einfachster und anschaulichster Darstellung, darum zum Selbstunterricht wirklich geeignet. Von **E. Busch.** Mit 69 Textabbildungen und 14 Tabellen. VI, 214 Seiten. 1922. RM 4.60; gebunden RM 6.—

Handbuch der Fräserei. Kurzgefaßtes Lehr- und Nachschlagebuch für den allgemeinen Gebrauch. Gemeinverständlich bearbeitet von **Emil Jurthe** und **Otto Mietzschke,** Ingenieure. Sechste, durchgesehene und vermehrte Auflage. Mit 351 Abbildungen, 42 Tabellen und einem Anhang über Konstruktion der gebräuchlichsten Zahnformen an Stirn-, Spiralzahn-, Schnecken- und Kegelrädern. VIII, 334 Seiten. 1923. Gebunden RM 11.—

Die Berechnung des Werkstoffverbrauches bei gestanzten, gezogenen und gedrehten Gegenständen im Bereich der Metallindustrie. Von **Leonhard Glück,** Ingenieur. Mit 125 Textabbildungen und 10 Zahlentafeln. V, 91 Seiten. 1923. RM 3.20; gebunden RM 4.—

Praktisches Handbuch der gesamten Schweißtechnik. Von Prof. Dr.-Ing. **P. Schimpke,** Chemnitz und Oberingenieur **Hans A. Horn,** Berlin.

E r s t e r B a n d: **Autogene Schweiß- und Schneidtechnik.** Mit 111 Abbildungen und 3 Zahlentafeln. V, 136 Seiten. 1924. Gebunden RM 7.50

Z w e i t e r B a n d: **Elektrische Schweißtechnik.** Mit 255 Textabbildungen und 20 Zahlentafeln. VI, 202 Seiten. 1926. Gebunden RM 13.50

Schmieden und Pressen. Von **P. H. Schweißguth,** Direktor der Teplitzer Eisenwerke. Mit 263 Textabbildungen. IV, 110 Seiten. 1923. RM 4.—

Die moderne Stanzerei. Ein Buch für die Praxis mit Aufgaben und Lösungen. Von Ing. **Eugen Kaczmarek.** Z w e i t e, vermehrte und verbesserte Auflage. Mit 116 Textabbildungen. VI, 154 Seiten. 1925. RM 7.20; gebunden RM 8.10

Die Werkzeugstähle und ihre Wärmebehandlung. Berechtigte deutsche Bearbeitung der Schrift „The heat treatment of tool steel" von **Harry Brearley,** Sheffield. Von Dr.-Ing. **Rudolf Schäfer.** D r i t t e, verbesserte Auflage. Mit 226 Textabbildungen. X, 324 Seiten. 1922. Gebunden RM 12.—

Blöcke und Kokillen. Von **A. W.** und **H. Brearley.** Deutsche Bearbeitung von Dr.-Ing. **F. Rapatz.** Mit 64 Abbildungen. IV, 142 Seiten. 1926. Gebunden RM 13.50

Die Einsatzhärtung von Eisen und Stahl. Berechtigte deutsche Übersetzung der Schrift „The Case Hardening of Steel" von **Harry Brearley,** Sheffield. Von Dr.-Ing. **Rudolf Schäfer.** Mit 124 Textabbildungen. VIII, 250 Seiten. 1926. Gebunden RM 19.50

Die Konstruktionsstähle und ihre Wärmebehandlung. Von Dr.-Ing. **Rudolf Schäfer.** Mit 205 Textabbildungen und einer Tafel. VIII, 370 Seiten. 1923. Gebunden RM 15.—

Die Edelstähle. Ihre metallurgischen Grundlagen. Von Dr.-Ing. **F. Rapatz.** Mit 93 Abbildungen. VI, 219 Seiten. 1925. Gebunden RM 12.—